分布式光伏系统
并网监测控制技术

《分布式光伏系统并网监测控制技术》编委会　组编

中国电力出版社
CHINA ELECTRIC POWER PRESS

内 容 提 要

随着分布式能源发展的新形势、新需求，适应低压分布式光伏系统发展趋势的并网监测控制技术应运而生。

本书以分布式光伏系统并网监测控制为主题，全书共分 6 章，分别为概述、分布式光伏系统并网接入监测控制标准分析、分布式光伏系统并网接入技术、分布式光伏系统并网高级量测体系、分布式光伏系统安全监测控制技术和分布式光伏系统客户侧安全控制技术。

本书能帮助读者更明晰厘清分布式光伏并网接入要求，更深刻理解分布式光伏系统并网监测控制的原理、构成及应用，可供高校、企业、行业协会等各方主体的电能计量专业人员、分布式能源并网管理人员参考阅读。

图书在版编目（CIP）数据

分布式光伏系统并网监测控制技术/《分布式光伏系统并网监测控制技术》编委会组编. —北京：中国电力出版社，2024.7

ISBN 978-7-5198-8492-5

Ⅰ.①分… Ⅱ.①分… Ⅲ.①太阳能光伏发电—控制系统 Ⅳ.①TM615

中国国家版本馆 CIP 数据核字（2023）第 254140 号

出版发行：中国电力出版社

地　　址：北京市东城区北京站西街 19 号（邮政编码 100005）

网　　址：http://www.cepp.sgcc.com.cn

责任编辑：崔素媛（010-63412392）

责任校对：黄　蓓　马　宁

装帧设计：张俊霞

责任印制：杨晓东

印　　刷：北京雁林吉兆印刷有限公司

版　　次：2024 年 7 月第一版

印　　次：2024 年 7 月北京第一次印刷

开　　本：787 毫米×1092 毫米　16 开本

印　　张：10.5

字　　数：189 千字

定　　价：49.00 元

编　委　会

随着国家构建新型电力系统和"碳达峰、碳中和"（简称"双碳"）战略目标的提出，分布式能源发展迎来新的机遇，装机规模将保持快速增长态势。其中，推进380V及以下低压分布式光伏建设运行是加快推进能源生产和消费革命、打赢脱贫攻坚战的关键举措，是落实"双碳""构建新型电力系统"等目标的重要抓手。"双碳"目标下，随着政府支持政策的陆续出台，低压分布式光伏规模化发展已是大势所趋。低压分布式光伏与自备电厂相似，具有容量小、数量多、分布广、发电出力波动大、难于调节等特点，其运维方多为普通用户群体，建设运行控制要求及安全运维管理等专业基础薄弱，要求光伏并网监测控制更加直观、经济、有效，满足可观、可测、可控要求。

针对上述新形势、新需求，适应低压分布式光伏发展趋势的并网监测控制技术应运而生。并网监测控制技术依托高级智能量测系统对分布式光伏系统的运行状态进行实时监测、远程感知及运行控制，从而实现安全、可靠、高效运行的目的。推动并网监测控制技术向低压光伏技术领域拓展，是促进我国低压分布式能源安全运行管理、推进低压分布式光伏装机容量进一步增长的现实需要，是构建新型电力系统、确保能源清洁安全高质量发展的客观需求，是化解大国博弈复杂形势下能源市场震荡影响、提升我国能源供应韧性和安全水平的迫切需要。

本书以分布式光伏并网监测控制为主题，共包含6章内容。第1章概述，介绍分布式光伏系统基本构造及建设规模现状，初步分析了光伏并网对电能质量、电网安全、供电企业营销业务管理带来的影响；第2章分布式光伏系统并网接入监测控制标准分析，介绍分布式光伏系统并网接入监测标准，系统梳理了国内外分布式光伏监测控制标准体系，并对其关键条款进行了横向对比；第3章分布式光伏系统并网接入技术，讨论了分布式光伏并网设备选型要求，对并网接入风险评估及模型构建方法进行了介绍；第4章分布式光伏系统并网高级测量体系，介绍了分布式光伏并网高级量测体系的构成和典型设计方案；第5章分布式光伏系统安全监测控制技术，介绍了分布式光伏运行状态监测方法与控制方法，通过某群调群控实践案例证明了方法可行性与有效性；第6章分布式光伏系统客户侧安全控制技术，围绕分布式光伏典型安全隐患，提出了客户侧安全控制技术。

本书由来自中国电力科学研究院有限公司、国网北京市电力公司、国网山东省电力公司、国网福建省电力有限公司、国网湖北省电力有限公司、华北电力大学（保定）、河南许继仪表有限公司等多家单位的专家学者共同编制完成，在此谨向以上专家与兄弟单位的辛勤工作表示诚挚感谢。另外，对于华北电力大学（北京）等高校提供的帮助表示感谢。

希望本书的出版能有助于读者更明晰厘清分布式光伏并网接入要求，更深刻理解分布式光伏并网监测控制的原理、构成及应用，引发高校、企业、行业协会等各方主体的电能计量专业人员、分布式能源并网管理人员更深入思考和关注，为分布式光伏可观可测可控与安全稳定运行提供技术支撑。

限于作者水平，书中难免存在一些缺点和错误，殷切希望广大读者批评指正。

作　者

2024 年 6 月

目 录

第1章 概　　述

1.1　政策背景

2021 年 3 月 11 日，十三届全国人大四次会议通过《中华人民共和国国民经济和社会发展第十四个五年规划和 2035 年远景目标纲要》（简称"十四五"规划），将光伏等新能源列为八大战略性新兴产业之一，提出要大力提升风电、光伏发电规模。之后，国家能源局、国家发展改革委、财政部、人民银行、生态环境部、工信部、银保监会、中央财经委、国务院接连发布利好光伏政策，彰显了国家支持光伏发展的意志和决心。

我国在光伏规划建设、并网服务、运行监管、财务结算、消纳交易、推动发展、补贴政策方面先后发布多项国家和省市政策。

1.1.1　规划建设方面

在规划建设方面，国家能源局以及北京、安徽、吉林、江西等省（直辖市）能源主管部门先后颁布多项光伏发电规划建设相关政策、文件，指导光伏发电项目有序开展。政策明确了省级能源主管部门要根据国家可再生能源发展"十三五"相关规划和本地区电网消纳能力，按照 2020 年光伏发电项目建设工作方案要求，规范有序组织项目建设；严格落实监测预警要求，以电网消纳能力为依据合理安排新增核准（备案）项目规模；按月组织光伏发电企业在国家可再生能源发电项目信息管理平台填报更新核准（备案）、开工、在建、并网等项目信息；加大与国土资源局、环保等部门的协调，推动降低非技术成本，为光伏发电建设投资营造良好环境。

1.1.2　并网服务方面

在并网服务方面，国家能源局和国家财政部先后发布《分布式电源并网技术要求》（GB/T 33593—2017）、《国家能源局综合司关于明确个人分布式光伏备案有关事项的复函》（国能综函新能〔2017〕224 号）、《可再生能源发电项目全容量并网时间认定办法》

（财办建〔2020〕4号）、《光伏发电系统效能标准》等文件，规定了分布式电源接入电网设计、建设和运行应遵循的一般原则和技术要求；指出需按照国家价格政策要求，项目执行全容量并网时间的上网电价。

国家电网公司先后发布《国家电网公司关于印发分布式电源接入系统典型设计的通知》（国家电网发展〔2013〕625号）、《分布式电源项目并网服务管理规则》（国家电网企管〔2014〕1082号）、《关于促进分布式电源并网管理工作的意见》《国家电网公司关于印发分布式电源并网服务管理规则的通知》（国家电网营销〔2014〕174号）等多项分布式电源并网相关工作意见及管理规则，促进分布式电源快速发展，规范分布式电源项目并网服务工作，提高分布式电源项目并网服务水平。福建、天津、冀北、江苏、宁夏、青海、上海等网省公司也都出台了分布式电源并网服务管理实施意见、细则等文件，助推分布式电源并网工作。

1.1.3　运行监管方面

在运行监管方面，国家能源局华东监管局及上海发展改革委先后发布了《华东区域电力安全生产委员会关于开展华东区域分布式光伏涉网频率专项核查整改工作的通知》（华东监能安全〔2019〕70号）、《上海市发展和改革委员会关于2021年风电、光伏发电项目建设有关事项的通知》（沪发改能源〔2021〕20号），确认上海市2020年度光伏发电建设规模为215.3657MW，各区可再生能源建设任务完成率将纳入节能降碳目标责任评价考核体系。自2021年起，上海市发展改革委将根据国家下达的本市消纳责任权重和本市可再生能源发展目标，于每年上半年下达年度可再生能源建设任务。华东能监局文件指出，当前华东网内有近1200万kW分布式光伏执行的涉网频率技术标准偏低，在华东电网发生因大容量直流闭锁造成的主网频率大幅度波动情况下，有可能引发分布式光伏大规模脱网，进一步加剧电网运行风险。在此背景下，经华东区域电力安委会研究，决定在华东区域集中开展分布式光伏涉网频率专项核查整改工作。

1.1.4　财务结算方面

在财务结算方面，国家发展改革委、财政部发布了《国家发展改革委关于发挥价格杠杆作用促进光伏产业健康发展的通知》（发改价格〔2013〕1638号）、《财政部关于下达可再生能源电价附加补助资金预算的通知》（2020年财政部90号文件），引导光伏发电行业合理投资，推动光伏产业健康有序发展。2020年9月29日，财政部、发展改革委、能源局发布《关于〈关于促进非水可再生能源发电健康发展的若干意见〉有关事项的补充通知》(财建〔2020〕424号),从项目合理利用小时数、项目补电量、补贴标准、加强项目核查4个方面对可再生能源电价附加补助资金相关事宜做出了进一步规定,明确可再生能源补贴资金结算规则。2020年4月2日,国家发展改革委印发《关于2020年光伏发电上网电价政策有关事项的通知》,公布了2020年光伏发电上网电价政策,具体内容如下。

(1) 对集中式光伏发电继续制定指导价,将纳入国家财政补贴范围的I~III类资源区新增集中式光伏电站指导价分别确定为0.35元/(kW·h)(含税,下同)、0.4元/(kW·h)、0.49元/(kW·h),新增集中式光伏电站上网电价原则上通过市场竞争方式确定,不得超过所在资源区指导价。

(2) 纳入2020年财政补贴规模,采用"自发自用、余量上网"模式的工商业分布式光伏发电项目,全发电量补贴标准调整为0.05元/(kW·h),采用"全额上网"模式的工商业分布式光伏发电项目,按所在资源区集中式光伏电站指导价执行。

(3) 纳入2020年财政补贴规模的户用分布式光伏全发电量补贴标准调整为0.08元/kW·h。符合国家光伏扶贫项目相关管理规定的村级光伏扶贫电站(含联村电站)的上网电价保持不变。

1.1.5 消纳交易方面

在消纳交易方面,国家发展改革委、国家能源局发布《国家发展改革委国家能源局关于开展分布式发电市场化交易试点的通知》(发改能源〔2017〕1901号),明确分布式发电项目可采取多能互补方式建设,鼓励分布式发电项目安装储能设施,提升供电灵活性和稳定性;规定了参与分布式发电市场化交易项目的要求,以及分布式发电市场化交易的机制等。

1.1.6 推动发展方面

在推动发展方面,《国务院关于促进光伏产业健康发展的若干意见》(国发〔2013〕24号)发布,指出光伏产业是全球能源科技和产业的重要发展方向,是具有巨大发展潜力的朝阳产业,也是我国具有国际竞争优势的战略性新兴产业。我国光伏产业当前遇到的问题和困难,既是对产业发展的挑战,也是促进产业调整升级的契机,特别是光伏发电成本大幅下降,为扩大国内市场提供了有利条件。要坚定信心,抓住机遇,开拓创新，毫不动摇地推进光伏产业持续健康发展。

为确保完成 2030 年碳达峰目标，2021 年 2 月 8 日，国家能源局下发《关于征求 2021 年可再生能源电力消纳责任权重和 2022—2030 年预期目标建议的函》（简称《建议函》），提出全国统一可再生能源电力消纳责任权重将从 2021 年的 28.7% 上升到 2030 年的 40%，其中非水可再生能源电力消纳责任权重从 2021 年的 12.7% 上升至 2030 年的 25.9%。《建议函》同时对各省 2021—2030 年的非水可再生能源消纳目标提出要求，在 2021 年目标的基础上，要求各省非水可再生能源电力消纳权重年均提升 1.5% 左右，并遵循"只升不降"原则。在此背景下，为完成"十四五"开局之年的可再生能源消纳责任权重，国家能源局于 2021 年 2 月 26 日发布《关于 2021 年风电、光伏发电开发建设有关事项的通知（征求意见稿）》（简称《征求意见稿》），提出各省应围绕"以非水可再生能源消纳权责目标来确定年度风电、光伏新增并网规模和新增核准（备案）规模"的思路，对风电、光伏项目建设做出规划；同时，对于消纳的保障机制、存量项目建设、分散式风电发展等方面做出指引。

1.1.7　补贴政策方面

在补贴政策方面，国家发展改革委、国家能源局联合印发《关于积极推进风电、光伏发电无补贴平价上网有关工作的通知》（发改能源〔2019〕19 号），根据政策，地方政府能源主管部门可出台补贴政策，仅享受地方补贴的项目仍视为平价上网项目；在满足省区规划、监测预警、接网消纳等条件下，由地方政府组织建设平价和低价上网项目，不受年度建设规模限制。政策可能刺激一些省区的平价和低价上网项目加速发展，很快填满本地消纳能力空间。同时，地方建设可能突破全国规划下的各省区发展规模，且消纳空间利用更倾向于当地。未来需要统筹考虑全国大范围的新能源优化开发、有序并网和经济高效发展，确保各地区的新能源利用率目标实现。

2020 年 3 月 12 日，财政部下发了《关于开展可再生能源发电补贴项目清单审核有关工作的通知》（财办建〔2020〕6 号），就风电项目纳入首批可再生能源发电补贴项目清单需满足的条件作了如下要求。

（1）符合我国可再生能源发展相关规划的陆上风电、海上风电项目，应于 2006 年及以后年度按规定完成核准（备案）手续，于 2019 年 12 月底前全部机组完成并网。

（2）符合国家能源主管部门要求，按照规模管理需要纳入年度建设规模管理范围内。

（3）符合国家可再生能源价格政策，上网电价已获得价格主管部门批复。

各地方政府物价管理部门也积极发布可再生能源发电相关管理政策，科学合理引导新能源投资，实现资源高效利用，促进公平竞争和优胜劣汰，推动光伏发电产业健康可持续发展。

1.2　分布式光伏系统介绍

现有多种可用的太阳能技术，其中，在不改变形式的情况下，直接利用太阳光和热的技术，被称为无源太阳能技术；而通过能量转换的技术被称为主动太阳能技术。光伏发电技术是主动太阳能技术之一，它把太阳的辐射能转化为电能。下面将简要介绍光伏发电系统、光伏电池的原理和分类。

1.2.1　光伏发电系统的分类和组成

光伏发电系统按照是否与电网连接可以分为离网（独立）光伏发电系统和并网光伏发电系统两大类。

1. 离网（独立）光伏发电系统

离网（独立）光伏发电系统主要应用在远离电网又需要电力供应的地方，如偏远农村、山区、海岛、广告牌、通信设备等场合，或者作为需要移动携带的设备电源、不需要并网的场合，其主要目的是解决无电力供应问题。

离网（独立）光伏发电系统一般由光伏阵列（或组件）、光伏控制器、储能单元、逆变器、交直流负载等组成，其典型结构如图 1-1 所示。

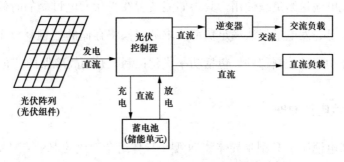

图 1-1　离网（独立）光伏发电系统典型结构

由于光伏发电属于间歇式能源，容易受到天气和周围环境的影响，在光伏阵列没有能量输出时，需要储能单元提供负载用电；控制器主要完成光伏阵列最大功率点跟踪、充放电控制等功能。

2. 并网光伏发电系统

目前常见的并网光伏发电系统，根据其系统功能可以分为不含蓄电池的不可调度式并网光伏发电系统和包括蓄电池组作为储能环节的可调度式并网光伏发电系统两类。

可调度式并网光伏发电系统设置有储能装置，通常采用铅酸蓄电池组，兼有不间断电源和有源滤波的功能，而且有利于电网调峰。但是，其储能环节通常存在寿命短、造价高、体积大而笨重、集成度低的缺点，因此实际应用较少。不可调度式并网光伏发电系统可以将电网作为储能单元，从而省去储能蓄电设备（特殊场合除外），一方面节省了蓄电池所占空间及系统投资于维护成本，使发电系统成本大大降低；另一方面，发电容量可以做得很大并可保障用电设备电源的可靠性，因此应用较为广泛。如无特别说明，本书所述的并网光伏发电系统均为不可调度式并网光伏发电系统。

并网光伏发电系统包括光伏电池阵列、逆变装置、储能装置、交流电网以及交流负载等部分，其结构如图 1-2 所示。

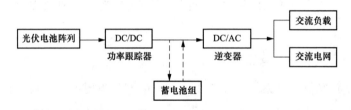

图 1-2　并网光伏发电系统结构

并网光伏发电系统发电过程如下：太阳光照射太阳能电池，光伏阵列通过光生伏特效应（Photovoltaic Effect）输出直流电，经由逆变装置实现直流电到交流电的转换，通过传输线将交流电输送给负载使用，其中储能装置在光伏发电过剩的时候吸收多余的电能，并在光照不足、发电量无法满足负荷要求的时候将存储的能量释放出来，并配置多个具备能量优化功能的控制部件，包括功率优化控制、并网故障保护、充放电控制等。

1.2.2　光伏电池原理

大多数光伏电池属于 P 型半导体和 N 型半导体组合而成的 PN 结型光伏电池，它是一种基于半导体材料的光生伏特效应，具有将阳光的能量直接转换成电能输出功能的半导体器件。

1. PN 结

以单晶硅光伏电池为例，电池是由 P 型半导体和 N 型半导体结合而成的。P 型半导体由单晶硅通过特殊工艺掺入少量的 3 价元素组成，会在半导体内部形成带正电的空穴；N 型半导体由单晶硅通过特殊工艺掺入少量的 5 价元素组成，会在半导体内部形成带负电的自由电子。当 N 型和 P 型两种不同的半导体材料接触后，由于电子和空穴的相互扩散，在界面处形成由 N 区指向 P 区的内建电场。内电场的方向和 PN 结结构如图 1-3 所示。

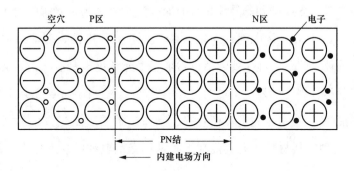

图 1-3　内电场的方向和 PN 结结构

2. 光能转换成电能的过程

当光线照射在光伏电池上，光能转换成电能的过程主要包括如下 3 个步骤：

（1）太阳能电池吸收一定能量的光子后，半导体内产生电子—空穴对，称为光生载流子，两者的电极性相反，电子带负电，空穴带正电。

（2）电极性相反的光生载流子被半导体 PN 结所产生的静电场分离开。

（3）光生载流子和空穴分别被太阳能电池的正、负极收集，并在外电路中产生电流，从而获得电能。

3. 光伏电池发电原理

晶硅光伏电池发电原理如图 1-4 所示。

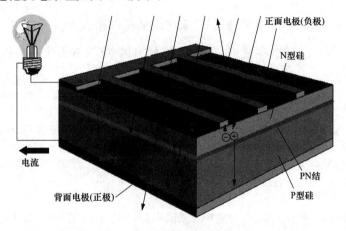

图 1-4　晶硅光伏电池发电原理

1.2.3 光伏电池分类

光伏电池主要以半导体材料为基础材料制作而成，根据所用材料的不同，光伏电池可分为硅系光伏电池、多元化合物系光伏电池和有机半导体系光伏电池等。其中，硅系光伏电池主要包括单晶硅、多晶硅和非晶硅光伏电池；多元化合物系光伏电池主要包括硫化镉（CdS）和碲化镉（CdTe）光伏电池、砷化镓（GaAs）光伏电池、铜铟镓硒（CIGS）光伏电池等；有机半导体系光伏电池主要包括色素增感型光伏电池和有机薄膜光伏电池。其中有机半导体系光伏电池在光伏发电市场的占有率极低，故本书中不再赘述。

从对太阳光的吸收效率、能量转换效率、制造技术的成熟与否以及制造成本等多个因素进行分析，每种光伏材料各有其优缺点，常用光伏电池优缺点见表 1-1。

表 1-1 　　　　　　　　　　　常用光伏电池优缺点比较

光伏电池类型		优点	缺点	备注
常规晶硅电池	单晶硅	1. 原材料丰富； 2. 性能稳定； 3. 转换效率高	1. 制造过程耗电多； 2. 所需硅料多	效率：16%～19%； 厚度：0.1～0.3mm
	多晶硅	1. 原材料丰富； 2. 制造成本低于单晶硅； 3. 转换效率较高	1. 所需硅料多； 2. 性能稳定性不如单晶硅	效率：14%～18%
薄膜电池	非晶硅	1. 原材料丰富； 2. 制造能耗低、成本低； 3. 可弱光发电	1. 转换效率偏低； 2. 性能衰减快	效率：<10%； 厚度：1～2μm
	化合物	1. 转换效率高； 2. 材料消耗少； 3. 性能稳定	1. 材料稀缺； 2. 部分材料存在环境污染	效率： 碲化镉 9%～11%； 铜铟硒 13%～15%

1.3 分布式光伏系统建设情况

截至 2021 年 5 月，国家电网公司 27 家单位低压分布式光伏用户共 201.3 万户，占用户总量的 0.39%；总装机容量 43.8GW，光伏台区共 74.8 万个，占比 14.2%。低压分布式光伏用户数量与装机容量整体呈现逐年递增的趋势。2021 年，低压分布式光伏用户新增 51.0 万户，光伏装机容量增长 13.6GW。

从光伏用户接入电压等级看，当前，接入 380V 电压等级光伏用户共 116.1 万户，占比 57.7%；接入 220V 电压等级光伏用户共 85.2 万户，占比 42.3%。更多低压分布式光伏用户采用三相并网方式。

从区域分布看，华东、华北、华中区域低压分布式光伏用户与装机容量位居国家电网公司前列，占比 95% 左右，东北、西北、西南区域低压分布式光伏用户较少。

低压分布式光伏在区域上呈现由北向南、由西向东逐渐增加的分布趋势。

从用电类型与行业分布看，低压分布式光伏安装以乡村居民为主。低压分布式光伏用户中居民用户数量占比64.4%，居民用户中乡村居民用户占比93.5%。低压一般工商业光伏用户数量虽不及居民光伏用户，但其装机容量远大于居民光伏用户。低压分布式光伏安装主流产业为制造业、农副食品加工业。制造业中，以电气机械和器材制造、金属制造等耗能较高的行业为主，光伏用户数量和装机容量均排名靠前。纺织业、农副食品加工业这些非高耗能行业，虽然用户数较多，但装机总量并不大。

各省公司光伏台区占比排名如图1-5所示，从中可以看出，山东、冀北、河北、山西、浙江等单位低压光伏台区占比较高，这与低压分布式光伏用户数量、装机容量分布趋势相似。光伏整体呈现零散分布，局部地区装机集中，光伏用户数量在5户以内台区共66.6万个，占比89.04%；用户数量在10户以上的台区1.9万个，占比2.54%；光伏渗透率在80%以下台区71.8万个，占比95.99%，其中，光伏渗透率在10%以下台区35.5万个，在30%以下台区58.1万个。

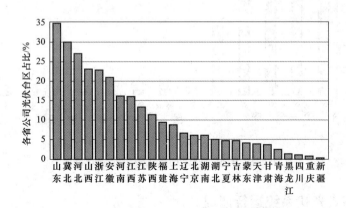

图1-5　各省公司光伏台区占比排名

低压分布式光伏装机容量集中在20kW以下。国家电网公司户均装机容量为22.7kW，各省公司户均装机容量如图1-6所示，光伏装机容量分布如图1-7所示。

从图1-6可以看出，陕西、福建、湖南、江苏、湖北等单位户均装机容量较高。光伏装机容量在40kW以下用户数量为187.5万户，占比93.2%，其中装机容量8kW以下用户占比37.61%，装机容量在10～20kW用户占比30.1%。

2020年，国家电网公司光伏就地消纳台区共45.11万个，占比60.31%。有26.69万个台区光伏存在无法就地消纳的现象，其中，光伏就地消纳率低于10%的台区共12.30万个，占比16.44%。

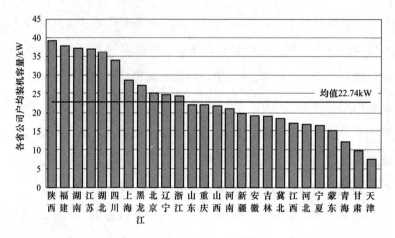

图 1-6　各省公司户均装机容量

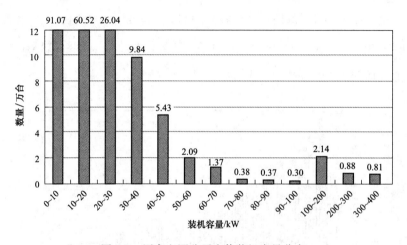

图 1-7　国家电网公司光伏装机容量分布

1.4　分布式光伏系统运行情况

1.4.1　分布式光伏系统出力情况

1. 光伏出力时序特性

2020 年，国家电网公司低压分布式光伏系统日户均发电量如图 1-8 所示，低压分布式光伏发电呈现春、秋季发电双峰分布。

从区域分布看，华北、华东、华中区域各单位发电呈现春、秋两季双峰分布，东北、西北、西南区域在夏季光伏出力达到峰值，如图 1-9 所示。

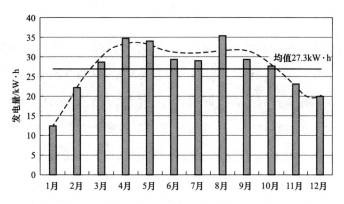

图 1-8 国家电网公司低压分布式光伏日户均发电量分布

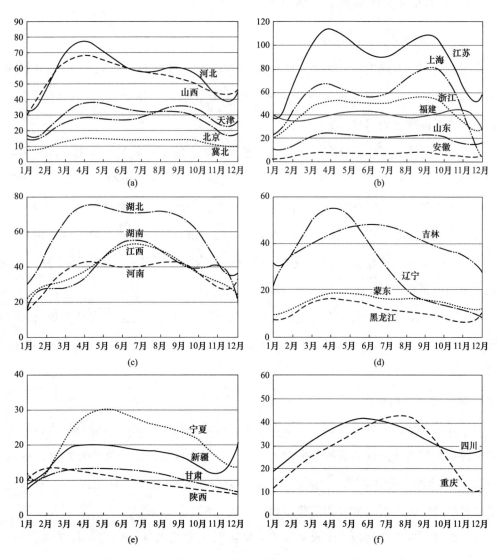

图 1-9 国家电网公司各区域低压分布式光伏户均发电量分布

（a）华北地区；（b）华东地区；（c）华中地区；（d）东北地区；（e）西北地区；（f）西南地区

2. 光伏出力影响因素

光伏出力与光照强度、温度正相关。温度一定的情况下，光伏出力随着光照强度的增加而增大。在多云、阴天、雨天等光照强度低、光辐射量小的情况下，随着温度上升，发电功率呈现明显上升趋势，此时温度是光伏出力主要影响因素。值得注意的是，在晴天天气下，太阳能板在温度过高的情况下，不易发生光生伏特效应，将制约光伏出力。实验室数据表明，光伏组件运行最佳温度为25℃。一天内，光伏系统在6：00～19：00持续出力，在11：00～13：00时出力达到峰值。

1.4.2 分布式光伏系统消纳情况

1. 分布式光伏系统上网规律

余电上网用户上网电量分布呈双峰趋势。对于余电上网用户，其上网电量分布同光伏出力分布一致，呈现春、秋季双峰趋势，由于夏、冬为低压台区用电高峰季节，使春、秋的峰时曲线更为明显。

光伏用户上网、用电量分布呈现季节性趋势。对于低压一般工商业用户，其用电量呈现夏冬季多、春秋季少的趋势，由于一般工商业用户季节性负荷占总负荷的比重较小，所以用电量曲线的峰谷差较小，曲线更为平滑。因此，该类用户上网电量春秋双峰趋势较为突出。对于低压居民用户，其用电、上网电量分布趋势同一般工商业用户。居民用电季节性负荷占比较高，用电量季节性分布较为明显，且冬季负荷高于夏季负荷。因此，上网电量在一年中的峰谷更加明显。

由上可知，对于低压余电上网光伏用户，其上网电量受光伏出力水平和负荷水平双重影响，在春、秋季节上网电量最高，此时电网负荷水平较低，容易出现光伏倒送现象。

2. 城乡台区消纳规律

（1）光伏就地消纳呈现夏、冬季双峰分布。通常以光伏台区总电能表是否存在反向电量来评估台区光伏的就地消纳水平，国家电网公司光伏台区总电能表日均反向电量分布如图1-10所示。可以看出，台区就地消纳能力在冬季最好、夏季次之，春、秋季光伏倒送现象严重，与上网电量分布趋势一致。

（2）城镇台区光伏就地消纳水平较高。城镇台区光伏就地消纳能力优于乡村台区。对于乡村台区，随着台区光伏就地消纳率的提升，居民用户占比提高。国家电网公司光伏渗透率与光伏消纳率分布如图1-11所示，可以看出，随着渗透率的提高，其消纳率呈现相应的下降趋势，即光伏就地消纳率与光伏渗透率负相关。

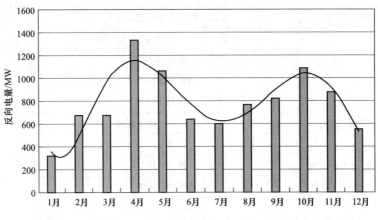

图 1-10　国家电网公司光伏台区总电能表日均反向电量分布

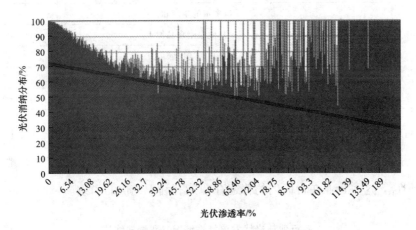

图 1-11　国家电网公司光伏渗透率与光伏消纳率分布

3. 用电行为对台区消纳影响分析

对各单位低压台区用电量排名前十的行业负荷特性进行分析，研究不同行业负荷特性与光伏出力的匹配程度。按照负荷分布峰值出现频度，将行业负荷曲线分为单峰曲线、双峰曲线、三峰曲线以及连续不变 4 类，并根据峰值出现的时间进一步划分，结果如下。

（1）对于单一峰值的典型行业负荷曲线（单峰曲线），各行业与光伏发电特性情况见表 1-2。其用电峰值出现在中午时（相关系数为正且数值比较大），有利于光伏在台区内消纳，行业以服务业（零售、餐饮、住宿）和轻工业为主，可以普遍存在于低压光伏台区。

表 1-2   各行业与光伏发电特性情况（单峰曲线）

用电峰值		行业	相关系数
单峰	单峰在早上	食品、饮料及烟草制品批发	−0.05
	单峰在中午	食品、饮料及烟草制品专门零售	0.68
		旅游饭店	0.58
		国家行政机构	0.54
		其他餐饮服务	0.43
		棉、化纤纺织及印染精加工	0.37
		渔业	0.30
		物业管理	0.27
		其他住宿服务	0.24
		锯材、木片加工	0.15
	单峰在下午	其他金属制品制造	0.26
		热力生产和供应	0.22
	单峰在晚上	自来水的生产和供应	0.02
		其他农副食品加工	0.01
		其他居民服务	−0.13
		纺织、服装及日用品专门零售	−0.34
		房地产开发经营	−0.52

（2）对于双峰趋势的典型行业负荷曲线（双峰曲线），各行业与光伏发电特性情况见表 1-3。呈现中午、晚上为用电高峰的居民负荷、零售业、服务业能更好地与光伏发电特性相契合，这些行业在台区内的普遍存在能有利于光伏的消纳。

表 1-3   各行业与光伏发电特性情况（双峰曲线）

用电峰值		行业	相关系数
双峰	双峰在早晚	农业	0.16
		农、林、牧、渔服务业	0.01
		纺织服装制造	−0.28
	双峰在午晚	家用电器及电子产品专门零售	0.67
		乡村居民	0.66
		正餐服务	0.49
		城镇居民	0.48
		其他国家机构	0.40
		广播	0.07
	双峰在早下午	金属加工机械制造	0.27
		工艺美术及礼仪用品制造	0.24

（3）对于有三峰特性的典型行业负荷曲线（三峰曲线），各行业与光伏发电特性情

况（三峰曲线）见表1-4。结构性金属制品制造业和电厂在白天的峰值与光伏出力协同效果较好。

表1-4 各行业与光伏发电特性情况（三峰曲线）

用电峰值	行业	相关系数
三峰	结构性金属制品制造业	0.25
	电厂	0.20

（4）对于那些负荷特性呈现平缓直线，或是在特定时段呈现连续不变特性的典型行业负荷曲线（连续不变），各行业与光伏发电特性情况见表1-5。这类用户只要一般负荷大于发电峰值时的负荷就能保证光伏的全部消纳。而像公共照明这类比较特殊的行业，其用电时段与光伏发电时段完全相反，可以考虑在台区内构建光伏储能进行夜间供电。

表1-5 在各行业与光伏发电特性情况（连续不变）

用电峰值	行业	相关系数
连续不变负荷	综合零售	0.35
	其他餐饮服务	0.34
	其他批发	0.32
	村民自治组织	0.17
	电信	−0.21
	其他商务服务	−0.27
	公共照明业	−0.30

4. 储能配置对台区消纳影响分析

储能配置可以全面提升台区内分布式光伏消纳水平。选取山东马家沟海绵台区某日的"分布式光伏＋储能"系统功率数据进行分析。图1-12所示为有无储能下台区未就地消纳光伏比例及台区总表功率对比，其中未就地消纳光伏比例表示台区未就地消纳的光伏功率在光伏发电总功率中的占比，台区总表功率为正表示台区从配电网获取电能，为负表示台区光伏未完全消纳，倒送上网。若海绵台区未配置储能，则台区会在9:00～11:00以及13:00～14:30时段无法完全实现光伏功率就地消纳，未就地消纳光伏比例最高达到42.7%，台区总表功率波动性较大；而实际中，海绵台区建设了光储一体化系统，使得该日台区所有的光伏输出功率均实现就地消纳，台区总表功率波动性明显减小，总表功率峰谷差下降。

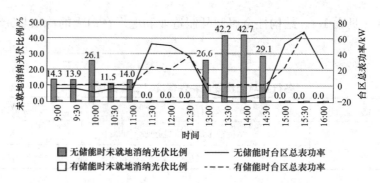

图 1-12 有无储能下台区未就地消纳光伏比例及台区总表功率对比

图 1-12 数据表明，为台区分布式光伏系统配备储能，能够明显提升台区对光伏的消纳能力，同时减少光伏波动性对电网的冲击。

1.5 分布式光伏系统的并网影响

1.5.1 对电能质量的影响

当光伏上网功率过高时，会引起线路电压抬升甚至越限。电压越限会造成部分用电设备出现过热现象，严重影响其使用寿命和安全稳定运行。《电能质量 供电电压偏差》（GB/T 12325—2008）中规定，20kV 及以下三相供电电压允许偏差为标称电压的±7%，220V 单相供电电压偏差为标称电压的−10%～+7%。

从整体电压水平影响来看，光伏有功功率注入会抬高台区用户电压水平，公司45.1%的光伏用户存在过电压上网且保护未动作的现象，严重威胁电网运行安全与其他用户用电安全，且单相光伏用户电压越限情况更为普遍。随机抽取国家电网公司各单位低压 HPLC 分布式光伏用户 2021 年 5 月 5 日 14 时有效上网电压值。其中，11.83 万户三相光伏用户中有 59 户电压越限，占三相用户总数的 0.05%；8.34 万户单相光伏用户中有 5.89 万户电压越限，占单相用户总数的 70.65%。

对于单相用户来说，光伏接入对用户电压抬升有较大影响，造成光伏用户电压越限占比远高于非光伏用户。单相有无光伏用户电压各电压区间分布情况如图 1-13 所示，可以看出，单相光伏用户电压处于 235.4～253V（超过额定电压标准值 7%～

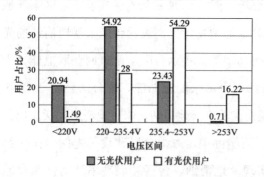

图 1-13 单相有无光伏用户电压

各电压区间分布情况

15%）范围的用户共 4.54 万户，占总数的 54.29%；电压高于 253V（超过额定电压标准值 15% 以上）的用户共 1.36 万户，占总数的 16.22%，且光伏系统在并网点电压超过 253V 时仍然在向电网送电。

从单个用户的电压水平来看，光伏出力较大时段对电压抬升更为突出。随机抽取山东青岛即墨公司某 220V 低压分布式光伏用户（台区变压器容量为 200kVA，光伏并网额定容量 117kW）2021 年 5 月 5 日上网电能表电压，其曲线如图 1-14 所示。

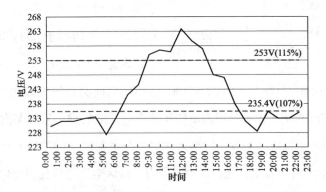

图 1-14　山东某单相分布式光伏用户 2021 年 5 月 5 日电压曲线

从图 1-14 可以看出，该用户在 7:00～18:00 之间电压超过 235.4V，电压越限持续 11h；用户 9:30～15:00 期间电压已超过 253V。根据相关规定，光伏发电系统并网点电压超出 195.5～253V 范围时，应在 2s 内停止向电网线路送电，但该并网设备在电压超过 253V 情况下仍正常送电，过电压保护无正常动作。

从光伏用户对周边用户的电压水平影响来看，光伏并网造成非光伏台区电压明显提升。随机抽取安徽省阜阳市某一个光伏台区数据，分析在光伏接入前后周边非光伏用户的电压数据。光伏接入前后台区非光伏用户电压对比如图 1-15 所示。

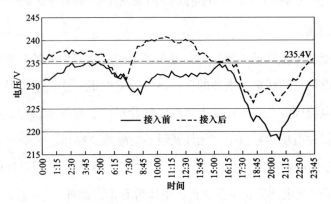

图 1-15　光伏接入前后台区非光伏用户电压对比

从图 1-15 可以看出，在光伏出力的时间段内，非光伏用户平均电压较接入光伏前有明显抬升。

从光伏台区电压水平影响来看，光伏并网造成台区电压越限问题严重。在全国范围

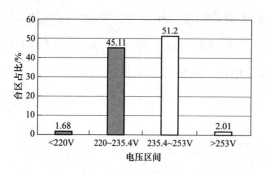

图 1-16 台区总电能表电压各电压区间分布情况

内抽取各省份 10kV 以下共计 72.49 万个低压分布式光伏台区 2021 年 5 月 5 日 14 时总电能表电压数据，电压处于 235.4～253V 范围的台区共 37.11 万个，占总数 51.20%；电压高于 253V 的台区共 1.45 万个，占总数的 2.01%。台区总电能表电压各电压区间分布情况如图 1-16 所示。

台区电压与实时光伏出力和负荷需求的比值有关。随机抽取安徽某台区一天内光伏出力和负荷需求比值、台区电压数据，得到光伏出力与负荷需求的比值及台区电压的分布情况，如图 1-17 所示。可以看出，光伏出力时段内，台区电压与该比值变化趋势一致。

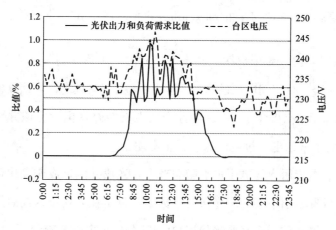

图 1-17 光伏出力与负荷需求的比值及台区电压的分布情况

1. 谐波干扰问题

光伏并网逆变器是主要谐波源之一，逆变器工作时会产生大量开关频率附近的谐波分量，进而造成电网谐波污染。谐波的存在将导致发电机、变压器以及一些用电设备非正常发热。谐波电流同时在一定程度上影响电能计量，引起测量误差。并网电容器会放大谐波电流和谐振过电压，导致电气元件及设备的故障及损坏。

《电能质量 公用电网谐波》（GB/T 14549—1993）规定，公用电网电压总谐波畸变率限值为 5%，同时规定其他奇、偶次谐波电压含有率。此外，《并网光伏发电专用逆变器技术要求和试验方法》（GB/T 30427—2013）中规定，电流总谐波畸变率限值为 5%，

3～9 次的奇次谐波限值为 4%，2～10 次的偶次谐波限值为 1%。

选取山东枣庄北庄所徐洼西台区（台区变压器容量为 200kVA，光伏并网额定容量为 126kW，测试点三相逆变器额定功率为 20kW）和北庄所里峪子机井台区（台区变压器容量为 200kVA，光伏并网额定容量为 283kW，测试点单相逆变器额定功率为 3kW），分别测试其在不同出力条件下并网点电压、电流总谐波畸变率和各次谐波含有率。低压分布式光伏并网谐波分量（出力 30%）如图 1-18 所示，可见分布式光伏并网造成的谐波以 3 次、5 次、7 次为主。

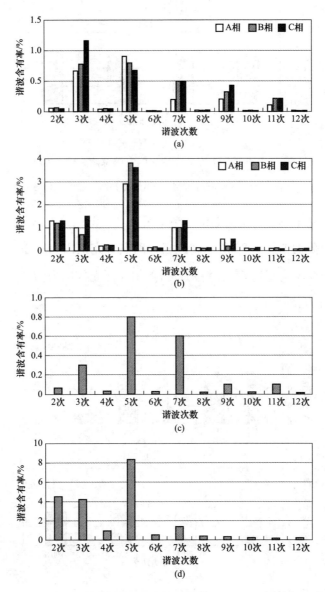

图 1-18　低压分布式光伏并网谐波分量（出力 30%）

（a）三相并网电压谐波含量；（b）三相并网电流谐波含量；（c）单相并网电压谐波分量；（d）单相并网电流谐波分量

低压分布式光伏并网造成的谐波对电压的影响不明显。低压分布式光伏并网电压总谐波畸变率如图 1-19 所示，可见低压分布式光伏三相、单相并网电压总谐波畸变率均控制在 5% 内，符合《电能质量 公用电网谐波》（GB/T 14549—1993）中的要求。

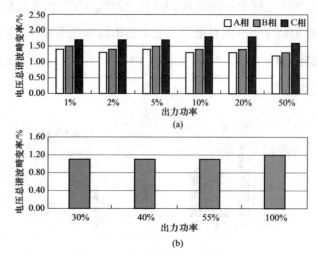

图 1-19　低压分布式光伏并网电压总谐波畸变率

（a）三相并网；（b）单相并网

光伏并网出力功率越小，电流总谐波畸变率越高。低压分布式光伏单相和三相并网电流总谐波畸变率分别如图 1-20 所示。三相并网点（光伏出力小于 30%）与单相并网点的电流总谐波畸变率均超过 5%，特别是当单相并网光伏出力为 30% 时电流总谐波畸变率甚至达到 14.5%。

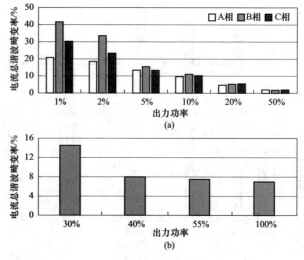

图 1-20　低压分布式光伏单相并网电流总谐波畸变率

（a）三相并网；（b）单相并网

2. 三相不平衡问题

光伏并网方式及其特性会造成低压配电网三相不平衡现象。大量光伏的无序接入、电网潮流双向扰动以及光伏出力变化，均会引起三相不平衡现象更加突出，将对电网和用户侧造成严重影响，降低电网对光伏发电的消纳能力。

《电能质量 三相电压不平衡》（GB/T 15543—2008）中规定电网正常运行时，负序电压不平衡度不超过 2%，短时不得超过 4%。

（1）大量光伏的无序接入会提高电网三相不平衡度。随机抽取浙江杭州 187 个台区，比较各台区光伏接入前后平均三相电压不平衡度。低压台区接入光伏后三相电压不平衡度增幅如图 1-21 所示，可以看出，接入光伏后约 64% 的台区三相电压不平衡度被抬高，表明大量光伏的无序接入会加剧电网三相不平衡度。

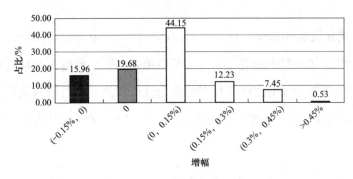

图 1-21 低压台区接入光伏后三相电压不平衡度增幅

（2）光伏台区的三相不平衡度相对非光伏台区高，且光伏出力越大，三相不平衡度越明显。随机抽取浙江杭州的光伏台区和非光伏台区各一个，统计 2020 年 8 月 15 日的 96 点三相电压数据，计算低压台区平均三相电压不平衡度。典型台区三相电压不平衡度对比如图 1-22 所示，可以看出，在光照强度较大的 11:15～13:30 时间段，因光伏出力较大造成的低压台区三相电压不平衡情况更为突出。

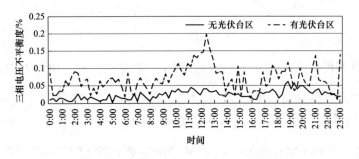

图 1-22 典型台区三相电压不平衡度对比

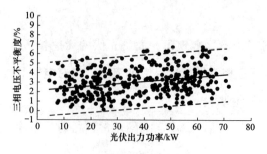

图 1-23　典型台区三相电压不平衡度对比

（3）三相电压不平衡度随着光伏总出力的增加而增加。以安徽阜阳某台区（台区变压器容量 200kVA，光伏装机容量 96kW）为例，统计一天内的光伏出力与三相电压不平衡度。典型台区三相电压不平衡度对比如图 1-23 所示，可以看出，随着台区光伏总出力的增加，三相电压不平衡度增加。

3. 电压波动与闪变问题

分布式光伏系统的输出功率受季节、天气、日照、温度等自然因素影响，具有随机性、间歇性和不确定性等特点，特别是当光伏离网和重新并网时容易造成并网点电压波动和闪变。

《电能质量 电压波动和闪变》（GB/T 12326—2008）中规定，任何一个波动负荷用户在电力系统公共连接点产生的电压变动，其限值 d（％）和电压变动频度 r 以及电压等级有关。对于电压变动频度较低或规则的周期性电压波动，可通过测量电压方均根值曲线 $U(t)$ 确定其电压变动频度和电压变动值。额定电压在 35kV 及以下时的低压侧电压波动限值见表 1-6。

表 1-6　　　　　　　　　　低压侧电压波动限值（$U_N \leqslant 35kV$）

电压变动频度 r/(次/h)	$r \leqslant 1$	$1 < r \leqslant 10$	$10 < r \leqslant 100$	$100 < r \leqslant 1000$
电压变动值 d(％)	4	3	2	1.25

低压分布式光伏并网造成电压波动问题不明显。光伏出力变化是配电网中电压波动的主要影响因素，分布式低压光伏出力受光照强度变化影响，然而光照变化过程缓慢。因此，相比较于受风能影响的风力发电，低压分布式光伏电压波动问题并不突出。

1.5.2　对电网安全的影响

1. 变压器过载

分布式光伏并网出力过大时，可能存在向上一级电网反向送电的现象，严重情况下会造成台区变压器反向过载现象。

为统计光伏台区中变压器反向过载分布情况，2021 年 5 月 5 日下午 2 时 71.13 万个光伏台区变压器实际负载率分布情况，如图 1-24 所示。光伏台区中出现反向重过载的台区数量为 6070 个，占比为 0.85％；出现反向过载的台区数量为 4610 个，占比为 0.65％。

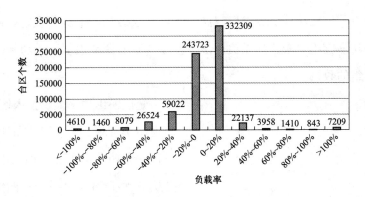

图 1-24　台区变压器负载率分布情况（2021 年 5 月 5 日下午 2 时）

　　选取某光伏台区变压器功率传输数据，分析其单日内负载率动态变化情况，如图 1-25 所示。光伏台区变压器的负载率变化趋势与单日内光伏出力趋势相同。光伏台区反向过载持续时间接近 6h，反向负载率最高为 135%。个别台区变压器反向过载容量超过变压器额定容量的 292.62%，对台区变压器安全稳定运行造成极大风险。

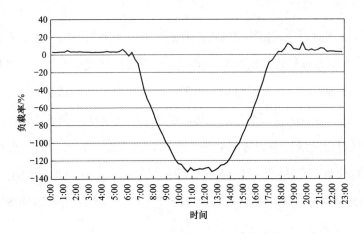

图 1-25　某光伏台区单日内负载率变化情况

2. 无功投切异常

　　分布式光伏用户并网运行将干扰无功补偿装置运行，并且，光伏输出功率越接近用户用电负荷，无功补偿装置补偿精度受影响程度越大，甚至会引起无功补偿装置退出运行，造成功率因数失调。

　　低压配电区无功补偿采样点一般取自 10kV 台区变压器低压侧电流，光伏接入点在取样电流互感器（TA）以下。通过采样点的电网的无功功率、有功功率，经控制器综合判断后投入适量的电容器组数量。当光伏发电功率接近用电负荷时，电网提供的有功功率急剧下降，甚至为零，台区用电负荷所需要的无功功率部分由光伏提供，电网提供的无功功率减少。但无功补偿装置控制器动作限值根据总用电负荷设定，此时由于通过采样点的无功功率较小，未达到无功补偿装置控制器的调节限值，无功补偿装置不会增加补偿电容器组的数量。

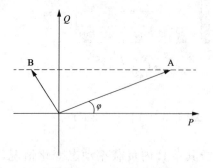

图 1-26　光伏功率返送时计量点功率因数变化

当光伏输出功率大于接入区域的负载时，会出现功率往变压器高压侧倒送现象，而此时下行的无功功率不变，如图 1-26 所示，工作点从 A 移到 B 点。对于非四象限的补偿控制器，一旦出现功率倒送现象，则无法测量功率因数，在报故障的同时将电容器切出，从而导致无功补偿退出。

1.5.3　对营销业务的影响

1. 线损管理

分布式光伏并网后，台区拓扑结构将由原来的单电源辐射网络向用户互联和多电源弱环网络转变，潮流分布格局发生根本性变化，进而造成台区线损率波动。光伏台区的线路损耗与分布式光伏接入位置、并网容量、台区负荷以及台区拓扑结构有关。此外，分布式光伏的出力波动将导致台区线损率动态变化，对台区线损精益化管理提出新的挑战。

分布式光伏对台区线损率的影响取决于光伏并网容量、接入位置、负荷分布以及台区拓扑等。针对分布式光伏并网容量对台区线损的影响，随机选取国网山东省电力公司 1.62 万个不同并网容量台区，对线损率进行统计分析。台区线损率随分布式光伏并网容量变化如图 1-27 所示。

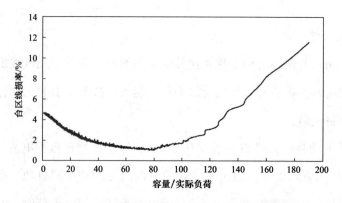

图 1-27　台区线损率随分布式光伏并网容量变化

从图 1-27 中可以看出，随着并网容量与平均实际负荷比值的逐渐增加，台区线损率总体呈现先减小后增大的趋势。其中，并网容量与平均实际负荷比值处于 55～85 范围时，台区线损率处在较低水平。当比值高于 120 后，台区线损率将大幅上升。

针对分布式光伏不同接入位置对线损率的影响，选取并网容量与总负荷（80kW）比值为 0.8，负荷中心位于线路中段，10 个不同并网节点负荷功率见表 1-7。

表 1-7　　　　　　　　　10 个不同并网节点负荷功率表

节点编号	1	2	3	4	5	6	7	8	9	10
节点负荷/kW	2	4	2	10	40	2	4	10	2	4

对台区线损进行理论计算，得出同一光伏接入不同节点对台区线损率的影响，如图 1-28 所示。

随着光伏并网位置由靠近电源侧向线路末端侧移动，台区线损率呈现先降低后增加的趋势。接入位置位于线路中段时，台区线损降低效果最明显。因此，为保证较低的台区线损率，光伏接入位置应选择台区负荷中心并靠近负荷密集区域。

为分析光伏出力波动对台区线损的影响，随机抽取系统中某一光伏台区，统计一天中各时段台区实际负荷、光伏出力和台区线损率。光伏出力波动下台区线损率变化如图 1-29 所示。

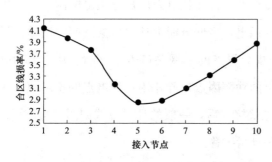
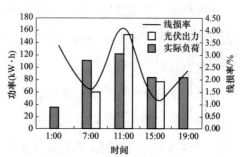

图 1-28　同一光伏接入不同节点对台区线损率的影响　　图 1-29　光伏出力波动下台区线损率变化

光伏出力波动将影响台区线损率变化，在光伏发电量小于台区负荷时段（7:00～10:00，15:00～18:00），台区线损率较低，分别为 1.62% 和 1.17%。而在光伏发电量大于台区负荷时段（11:00～14:00），台区线损率升高为 4.03%。

为分析分布式光伏并网运行对台区线损率的综合影响，统计系统中 2020 年 11 月份新接入光伏的 7795 个台区，对比 11 月份新增光伏台区（10 月份及以前无光伏用户，11月份新增光伏用户的台区）12 月份与 10 月份线损率，台区接入光伏前后线损率变化情况如图 1-30 所示。

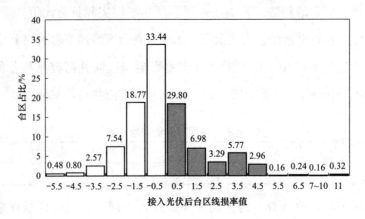

图 1-30　台区接入光伏前后线损率变化情况

分布式光伏接入对台区降损总体有正向促进作用。光伏并网后线损率环比下降的台区占比 63.59%，线损率环比上升的台区占比 36.41%。其中，线损率环比下降 0～1% 的台区占比最高为 33.44%；线损率环比下降 1%～2% 的台区占比 18.77%。

2. 电费核算

国家现行《功率因数调整电费办法》中对 100～160kVA（kW）的工业用户，100kVA（kW）及以上的非工业用户的功率因数做出要求：高于或低于规定标准 0.85 时，在计算出当月电费后按照一定比例增减电费，旨在让电力用户分担由电网公司承担的无功功率的调控成本，同时引导用户合理用电，降低电能损耗。根据当前使用的计量方式（自发自用、余电上网模式），位于产权分界点的上网关口表累计的有功、无功电量值为发用电两者的综合值，由此计算得出的功率因数也并非用户用电点的实际值，无法准确表征用户的无功使用情况。分布式光伏接入后，一般的计量方式如图 1-31 所示，在产权分界点和光伏并网接入点位置各安装计量装置。

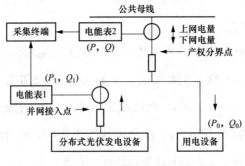

图 1-31　一般的计量方式

第2章 分布式光伏系统并网接入监测控制标准分析

分布式光伏由于具有规模小、清洁高效、随发随用的优点，近年来装机容量逐年上升，促成了分布式光伏系统并网接入监测标准的制定，正逐步形成一套较为完整的技术标准体系，对我国分布式光伏的发展起到了非常重要的作用。当前我国制定的规范主要是基于国情并参考了对应领域的规章制度，其内容与世界标准存在差异。鉴于新型能源发电技术是一个兴起的市场，竞争非常剧烈，进行国内与国外尤其是国际先进标准的对比分析显得尤为重要。这样做有助于让我国更好地掌握并运用国际规范，吸取国外标准的先进之处，从而推动我国标准向国际化方向发展。

2.1 国内监测控制标准分析

随着社会发展以及科技水平的提升，政府日益注重太阳能发电的应用，并积极颁布相关政策，以容纳太阳能发电站并入电力配送系统。在电力网络中加入数量庞大的分散式太阳能发电站的过程当中，同样需要搭建专门的分布式太阳能监控体系。这一体系可以确保各个层级的电力调度中心能有效接收太阳能发电站的信息，从而维护电力网络的运行安全和稳定性。因此，主要对分布式光伏监测控制标准进行研究。

2.1.1 标准体系现状

1. 国家标准

（1）光伏并网接入国家标准见表2-1。

表 2-1 　　　　　　　　　　　　　光伏并网接入国家标准

标准名称	标准主要内容	适用范围
《光伏发电系统接入配电网技术规定》（GB/T 29319—2024）	规定了光伏发电系统接入电网运行应遵循的一般原则和技术要求	通过 380V 电压等级接入电网以及通过 10(6) kV 电压等级接入用户侧的新建、改建和扩建光伏发电系统
《光伏发电系统接入配电网特性评价技术规范》（GB/T 31999—2015）	规定了接入配电网的光伏发电系统并网特性评价的基本内容和方法	通过 380V 电压等级线路接入电网，以及通过 10(6) kV 电压等级线路接入用户侧的新建、改建和扩建光伏发电系统

续表

标准名称	标准主要内容	适用范围
《光伏发电系统接入配电网检测规程》(GB/T 30152—2013)	规定了光伏发电系统接入配电网的检测项目、检测条件、检测设备和检测步骤等	适用于通过 380V 电压等级接入电网，以及 10(6) kV 电压等级接入用户侧的新建、改建和扩建光伏发电系统

（2）光伏并网运行国家标准见表 2-2。

表 2-2　　　　　　　　　　　　　光伏并网运行国家标准

标准名称	标准主要内容	适用范围
《分布式光伏发电系统集中运维技术规范》(GB/T 38946—2020)	规定了分布式光伏发电系统集中运维技术条件、运行管理以及检修维护要求	并网电压等级在 35kV(66kV) 及以下的分布式光伏发电系统集中运维
《分布式电源并网技术要求》(GB/T 33593—2017)	规定了分布式电源接入电网设计、建设和运行应遵循的原则和技术要求	35kV 及以下电压等级接入电网的新建、改建和扩建分布式电源
《分布式电源并网运行控制规范》(GB/T 33592—2017)	规定了并网分布式电源在并网/离网控制、有功功率控制、无功电压调节、电网异常响应、电能质量监测、通信与自动化、继电保护及安全自动装置、防雷接地方面的运行控制要求	接入 35kV 及以下电压等级电网的新建、改建和扩建分布式电源的并网运行控制

（3）《光伏系统性能监测　测量、数据交换和分析导则》（GB/T 20513—2006）。该标准规定了对光伏发电系统中与能源有关的性能参数进行监测的程序，这些性能参数为倾斜面辐照度、方阵输出、储能装置的输入和输出、功率调节器的输入和输出，该标准还规定了监测数据交换和分析的程序。这些程序的目的是对独立运行或并网，或与非光伏发电能源如常规发电机和风力发电机互补使用的光伏发电系统的总体性能进行评价。

（4）《分布式光伏发电系统远程监控技术规范》（GB/T 34932—2017）。该标准规定了分布式光伏发电系统远程监控的架构及配置、主站功能、子站要求、通信、主站性能、子站性能和主站环境条件等技术要求。该标准适用于通过 35kV 及以下电压等级并网的新建、改建和扩建分布式光伏发电系统远程监控。

2. 行业标准

光伏并网现行行业标准见表 2-3。

表 2-3　　　　　　　　　　　　　现 行 行 业 标 准

标准名称	标准主要内容	适用范围
《光伏并网逆变器技术规范》(NB/T 32004—2018)	规定了光伏（PV）发电系统所使用光伏并网逆变器的产品类型、技术要求及试验方法	连接到 PV 源电路电压不超过直流 1500V、交流输出电压不超过 1000V 的光伏并网逆变器
《并网光伏发电监控系统技术规范》(NB/T 32016—2013)	规定了并网光伏发电监控系统的总则、系统构成、系统功能、信号输入/输出、技术指标、设备布置、使用环境条件、测试方法、检验规则、标志、包装、运输、贮存等要求	200kW 以上并网光伏发电计算机监控系统的设计、制造、检验和验收

续表

标准名称	标准主要内容	适用范围
《分布式电源接入电网运行控制规范》（NB/T 33010—2014）	规定了分布式电源接入电网运行控制应遵循的技术要求。该标准适用于以同步发电机、感应发电机、变流器等形式接入 35kV 及以下电压等级电网的分布式电源	以同步发电机、感应发电机、变流器等形式接入 35kV 及以下电压等级电网的分布式电源
《分布式电源接入电网监控系统功能规范》（NB/T 33012—2014）	规定了分布式电源接入电网监控系统的体系结构、监控主站、监控终端应具备的功能与技术指标等相关要求	以同步发电机、感应发电机、变流器等形式接入 35kV 及以下电压等级电网的新建、改建和扩建分布式电源

3. 企业标准

光伏并网现行主要企业标准见表 2-4。

表 2-4　　　　　　　　　现 行 主 要 企 标 标 准

标准名称	标准主要内容	适用范围
《分布式电源接入配电网运行控制规范》（Q/GDW 667—2011）	规定了分布式电源接入配电网运行控制应遵循的规范和要求	国家电网公司经营区域内以同步电机、感应电机、变流器等形式接入 10kV 及以下电压等级配电网的分布式电源的运行控制
《小型户用光伏发电系统并网技术规定》（Q/GDW 1867—2012）	规定了户用光伏发电系统接入电网运行应遵循的技术要求	220V 单相接入，装机容量不超过 8kW 的新建、扩建或改建并网光伏发电系统
《分布式电源接入配电网运行控制规范》（Q/GDW 667—2011）	规定了分布式电源接入配电网运行控制应遵循的规范和要求	国家电网公司经营区域内以同步电机、感应电机、变流器等形式接入 10kV 及以下电压等级配电网的分布式电源的运行控制
《分布式电源接入配电网监控系统功能规范》（Q/GDW 677—2011）	规定了分布式电源接入配电网监控系统的体系结构、监控主站监控子站及监控终端的基本功能、选配功能、主要技术指标及相关要求	国家电网公司经营区域内以同步电机、感应电机、变流器等形式接入 10kV 及以下电压等级配电网的分布式电源监控系统的规划、设计、建设、改造和运行

2.1.2　重要监测控制标准性能要求

1. 国标重要监测控制标准性能要求

（1）并网接入标准。依据《光伏发电系统接入配电网技术规定》（GB/T 29319—2024），并网接入标准见表 2-5。

表 2-5　　　　　　　并网接入标准（依据 GB/T 29319—2024）

指标	要求
无功容量和电压调节	光伏发电系统功率因数应在超前 0.5～滞后 0.95 范围连续可调； 光伏发电系统在其无功输出范围内，应具备根据并网点电压水平调节无功输出参与电网电压调节的能力，其调节方式和参考电压调差率等参数可由电网调度机构设定
启动	光伏发电系统启动时应考虑当前电网频率电压偏差状态，当电网频率电压偏差超出本标准规定的正常运行范围时，光伏发电系统不应启动； 光伏发电启动时不应引起电网电能质量超出本标准规定范围，同时应确保其输出功率的变化率不超过电网所设定的最大功率变化率

指标	要求
运行适应性	当光伏发电系统并网点电压在90%～110%标称电压之间时,光伏发电系统应能正常运行
频率范围	当光伏发电系统并网点频率在49.5～50.2Hz范围之内时,光伏发电系统应能正常运行
电能质量	参照《电能质量 供电电压偏差》(GB/T 12325—2008)、《电能质量 公用电网谐波》(GB/T 14549—1993)、《电能质量 公用电网间谐波》(GB/T 24337—2009)、《电能质量 电压波动和闪变》(GB/T 12326—2008)、《电能质量 三相电压不平衡》(GB/T 15543—2008)、《电能质量 电力系统频率偏差》(GB/T 15945—2008)、《电能质量 暂时过电压和瞬态过电压》(GB/T 18481—2001)相关电能质量要求
安全与保护	光伏发电系统的保护应符合可靠性、选择性、灵敏性和速动性的要求并符合相关标准和规定;要求配备低/高电压保护、频率保护、防孤岛保护、逆功率保护以及恢复并网程序

(2)低压光伏系统运行标准。依据《分布式电源并网运行控制规范》(GB/T 33592—2017)、《分布式电源并网技术要求》(GB/T 33593—2017),低压光伏系统运行标准主要指标见表2-6。

表 2-6 低压光伏系统运行标准主要指标

指标	要求
有功功率控制	接入380V电网低压母线的分布式电源,若向公用电网输送电量,则应具备接受电网调度指令进行输出有功功率控制的能力
无功电压调节	接入380V电网的分布式电源,并网点处功率因数应满足以下要求: 以同步发电机形式接入电网的分布式电源,并网点处功率因数在0.95(超前)～0.95(滞后)范围内应可调; 以感应发电机形式接入电网的分布式电源,并网点处功率因数在0.98(超前)～0.98(滞后)范围内应可调; 经变流器接入电网的分布式电源,并网点处功率因数在0.95(超前)～0.95(滞后)范围内应可调
电网异常响应	接入220/380V电网的分布式电源,以及通过10(6)kV电压等级接入用户侧的分布式电源,当并网点电压发生异常时,应按照以下方式: $U<50\%U_N$,分布式电源应在0.2s内断开与电网的连接; $50\%U_N \leq U<85\%U_N$,分布式电源应在2s内断开与电网的连接; $85\%U_N \leq U<110\%U_N$,连续运行; $110\%U_N<U<135\%U_N$,分布式电源应在2s内断开与电网的连接; $135\%U_N<U$,分布式电源应在0.2s内断开与电网的连接,三相系统中的任一相电压发生异常,也应按此方式运行; 接入220/380V电网的分布式电源,以及通过10(6)kV电压等级接入用户侧的分布式电源当电网频率超出49.5～50.2Hz的范围时,应在0.2s内与电网断开
频率范围	当光伏发电系统并网点频率在49.5～50.2Hz范围之内时,光伏发电系统应能正常运行
电能质量	参照《电能质量 供电电压偏差》(GB/T 12325—2008)、《电能质量 公用电网谐波》(GB/T 14549—1993)、《电能质量 公用电网间谐波》(GB/T 24337—2009)、《电能质量 电压波动和闪变》(GB/T 12326—2008)、《电能质量 三相电压不平衡》(GB/T 15543—2008)、《电能质量 电力系统频率偏差》(GB/T 15945—2008)、《电能质量 暂时过电压和瞬态过电压》(GB/T 18481—2001)相关电能质量要求
电能质量监测	接入220/380V电网的分布式电源,每10min保存一次电能质量指标统计值,且应保存至少1个月的电能质量数据; 分布式电源接入电网后,当公共连接点的电能质量不满足《分布式电源并网技术要求》(GB/T 33593—2017)要求时,应产生报警信息,接入220/380V电网的分布式电源,其运营管理方应记录报警信息以备所接入电网运营管理部门查阅; 分布式电源并网导致公共连接点电能质量不满足《分布式电源并网技术要求》(GB/T 33593—2017)的要求时,应采取改善电能质量的措施,在采取改善措施后电能质量仍无法满足要求时,分布式电源应断开与电网的连接,电能质量满足要求时方可重新并网

（3）低压光伏系统并网逆变器主要指标。依据《光伏发电并网逆变器技术要求》（GB/T 37408—2019），低压光伏系统并网逆变器主要指标见表2-7。

表 2-7　　　　　　　　　　　　低压光伏系统并网逆变器主要指标

指标	要求
故障穿越	分低压光伏逆变器应具备低电压穿越能力和高电压穿越能力
有功控制	1. 给定值控制 低压光伏逆变器应具备有功功率连续平滑调节的能力，能接受功率控制系统指令调节有功功率输出值；控制误差宜不大于电站额定有功功率的±1%，响应时间不应大于1s； 2. 启停机变化率控制 低压光伏逆变器宜设置启停机时有功功率的变化速度，启动和停机时有功功率控制误差不应超过额定有功功率的±5%，启动和停机过程中交流侧输出的最大峰值电流不应超过额定交流峰值电流的1.1倍，低压光伏逆变器可不具备启停机变化率控制的功能
无功功率	1. 无功容量 低压光伏逆变器无功功率输出范围应能在一定范围内动态可调； 2. 无功控制 分布式光伏电站应具有多种无功控制模式，包括电压/无功控制、恒功率因数控制和恒无功功率控制等，具备接受功率控制系统指令并控制输出无功功率的能力，具备多种控制模式在线切换的能力； 无功功率控制误差不应大于额定有功功率的1%，响应时间不应大于1s
电能质量	1. 三相电流不平衡度 逆变器负元三相电流不平衡度不应超过2%，短时不应超过4%； 2. 电流谐波 逆变器输出电流谐波总畸变率应不大于5%逆变器交流侧额定电流，各次谐波应满足限值要求，注入谐波电流不应包括任何由未连接光伏系统的电网上的谐波电压畸变引起的谐波电流； 3. 电压波动与闪变 逆变器接入电网引起的电压波动与闪变值应满足《电能质量 电压波动和闪变》（GB/T 12326—2008）中的要求； 4. 直流分量 逆变器交流侧输出电流的直流电流分量不应超过其交流电流额定值的0.5%
运行适应性	1. 电压适应性 低压逆变器宜在0.9~1.1p.u.额定电压范围内正常运行； 2. 频率适应性 低压光伏逆变器应在不同的交流侧频率范围内满足不同的运行时间要求，具体要求详见《光伏发电并网逆变器技术要求》（GB/T 37408—2019）

2. 行业标准重要标准监测控制性能要求

《光伏并网逆变器技术规范》（NB/T 32004—2018）在《光伏发电并网逆变器技术要求》（GB/T 37408—2019）的标准上添加了新的要求，包括输入要求、输出要求、效率要求。

（1）输入要求。逆变器在正常输入工作电压范围内工作时，测得的连续最大输入电流或功率应不超过标称最大输入值的110%，测得的逆变器工作电压范围，不得超过制造商宣称值加上制造商宣称的电压控制精度。

（2）输出要求。逆变器在正常输入、输出工作电压范围内工作时，能够连续输出标称的额定功率，并且不应超过标称额定输出功率的110%。此时，过流保护和过温保护装置不应动作。

（3）效率要求。对于逆变器，决定其能量转换的效率包括动态 MPPT（Maximum Power Point Tracking，最大功率点跟踪）效率、静态 MPPT 效率和转换效率。逆变器的最大转换效率 $\eta_{\max}$ 和 $\eta_{t,c}$ 平均加权总效率和平均加权总效率限值见表 2-8，要求试计算所得的动态 MPPT 效率不应低于 90%。其中平均加权总效率是按照中国典型太阳能资源区的效率权重系数计算出不同电压下静态 MPPT 效率和转换效率下的平均加权效率。转换效率包含了所有辅助电源及控制用电损耗。对于外接独立专用隔离变压器的逆变器，可不带变压器按非隔离型逆变器转换效率限值进行考核；也可以带隔离变压器按隔离型逆变器转换效率限值进行考核，其损耗含隔离变压器的损耗。预装式光伏并网逆变装置的转换效率限值可以参照隔离型逆变器限值，需要含隔离变压器的损耗。

表 2-8　　　　　　　　逆变器最大转换效率和平均加权总效率限值

功率 P/kW	三相				单相			
	非隔离型		隔离型		非隔离型		隔离型	
	$\eta_{\max}$	$\eta_{t,c}$	$\eta_{\max}$	$\eta_{t,c}$	$\eta_{\max}$	$\eta_{t,c}$	$\eta_{\max}$	$\eta_{t,c}$
$P \leqslant 8$	96.50%	96.00%	94.50%	94.00%	96.50%	96.00%	94.50%	94.00%
$8 < P \leqslant 20$	97.50%	97.00%	95.50%	95.00%	—	—	—	—
$P > 20$	98.50%	98.00%	96.50%	96.00%	—	—	—	—

3. 企标重要标准监测控制性能要求

《小型户用光伏发电系统并网技术规定》（Q/GDW 1867—2012）中的电能质量运行适应性要求和《光伏发电系统接入配电网技术规定》（GB/T 29319—2024）中的一致，新增了过电流保护，细化了电压保护和频率保护的要求。

户用光伏发电系统应在并网点安装剩余电流保护装置，并应符合《剩余电流动作保护装置安装和运行》（GB/T 13955—2017）和《低压配电设计规范》（GB 50054—2011）中的相关要求。

户用光伏发电系统并网点电压异常时的保护动作时间要求见表 2-9。

表 2-9　　　　户用光伏发电系统并网点电压异常时的保护动作时间要求

并网点电压/V	保护动作时间/s
$U < 187$	$\leqslant 0.1$
$187 \leqslant U \leqslant 242$	连续运行
$242 < U$	$\leqslant 0.1$

户用光伏发电系统并网点频率异常时的保护动作时间要求见表 2-10。

表 2-10 户用光伏发电系统并网点频率异常时的保护动作时间要求

电网频率/Hz	保护动作时
$f<48$	≤0.1s
$48.0≤f<49.5$	对其是否并网运行无要求
$49.5≤f≤50.2$	连线运行
$50.2<f≤50.5$	对其是否并网运行无要求
$f>50.2$	≤0.1s

2.2 国内外标准差异分析

在分布式电源装机容量不断提升的同时，由于光伏发电本身具有的波动性、随机性等特征，大规模的光伏发电接入将带来电网安全稳定性问题。

德国领先全球推动可再生能源的发展，已有 97% 的清洁能源电力成功地融入了电网，并且采纳了去中心化的应用方式。在太阳能电力生产领域，德国走在世界前列，其境内广泛采用屋顶光伏、地面光伏和其他多种光伏方案来实现太阳能的转化，其中屋顶光伏安装的比例超过 85%。作为全球范围内推广和有效实施分布式光伏系统的典范之一，德国在欧洲的光伏发电占比名列前茅，并在此领域累积了极其丰富的经验。基于德国与中国在标准方面的合作，深入研究国内外在分散式发电资源并入标准上的差别，目的是给我国分布式发电资源并网标准的进一步发展提供参考。

中国和德国均制定并不断完善相关标准规范光伏发电并网行为，如中国于 2017 年 5 月发布了《分布式电源并网技术要求》（GB/T 33593—2017）、《分布式电源并网运行控制规范》（GB/T 33592—2017）等，德国于 2018 年 11 月发布了 VDE-AR-N 4105《发电系统接入低压电网并网技术要求》。但中国并网标准建立时间比德国晚，在标准解读和贯彻执行方面仍需完善。

从内容上看，大多数分布式电源并网标准都包括总体要求、功率控制、电压/频率适应性与响应、并网与同步、安全与保护、计量、监控与通信、检测等几个方面的要求。本节重点针对有功功率控制、无功电压调节、电能质量和安全与保护等关键性技术要求和指标，对已有国内外标准进行对比研究。

2.2.1 有功功率控制

VDE-AR-N 4105 对分布式电源有功功率控制进行了详细规定，明确提出分布式电源需根据电网频率、电网调度指令等信号调节电源的有功功率输出。GB/T 33592—2017 中规定，接入 380V 电网低压母线的分布式电源，若向公用电网输送电量，则应具备接受电网调度指令进行输出有功功率控制的能力；接入 220V 电网的分布式电源，可不参与电网有功功率调节。

2.2.2 无功电压调节

VDE-AR-N 4105 规定分布式电源需具有无功功率控制能力，并提出了多种控制方式，包括基于并网点电压幅值的无功功率 $Q(U)$ 控制模式、基于有功功率 P 的无功功率 $Q(P)$ 控制模式、恒无功功率 Q 控制模式（低压标准不要求）、恒功率因数 $\cos\varphi$ 控制模式等。对于视在功率在 13.8kVA 及以下变流器型分布式电源，并网点处功率因数在 0.95（超前）～0.95（滞后）范围内应可调；对于视在功率在 13.8kVA 以上变流器型分布式电源，并网点处功率因数在 0.9（超前）～0.9（滞后）范围内应可调。

GB/T 33592—2017 规定，分布式电源无功电压控制宜具备支持定功率因数控制、定无功功率控制、无功电压下垂控制等功能。对于经变流器接入 380V 电网的分布式电源，并网点处功率因数在 0.95（超前）～0.95（滞后）范围内应可调。

VDE-AR-N 4105 对分布式电源无功电压调节能力的要求，比 GB/T 33592—2017 更为详细和具体，其对一定容量以上分布式电源的无功能力要求更高。

2.2.3 电能质量

分布式电源需提供电力系统可接受的电能质量。

1. 谐波

中国和德国标准中谐波电压限值对比见表 2-11。分布式电源使用电力电子转换器可能向电网注入谐波电流，谐波对公用电网是一种污染，它会使用电设备所处的环境恶化，因此中国和德国标准对谐波均有限制。德国对谐波的规定相比于中国更为详细和具体。

表 2-11　　　　　　　　　　　中国和德国标准中谐波电压限值对比

谐波电压参数	谐波次数	VDE-AR-N 4105（德国标准）		GB/T 33593—2017
		标称电流≤75A	标称电流>75A	
奇次谐波电压含有率/%	3	2.3	3	4.0
	5	1.14	1.5	
	7	0.77	1	
	9	0.4	0.7	
	11	0.33	0.5	
	13	0.21	0.4	

续表

谐波电压参数	谐波次数	VDE-AR-N 4105（德国标准）		GB/T 33593—2017
		标称电流≤75A	标称电流>75A	
奇次谐波电压含有率/%	其他	$0.15 \times 15/n$ $(15 \leqslant n \leqslant 39)$	$0.3 \ (n=17)$	
			$0.25 \ (n=19)$	
			$0.2 \ (n=23)$	
			$0.15 \ (n=25)$	
			$0.15 \times 25/n$ $(25 < n < 40)$	
偶次谐波电压含有率/%	2	1.08	$n < 40 \quad 1.5/n$	2.0
	4	0.43		
	6	0.30	$n > 40 \quad 4.5/n$	
	$6 \leqslant n \leqslant 40$	$0.23 \times 8/n$		
电压总谐波畸变率		未作规定		5.0

2. 电压波动和闪变

VDE-AR-N 4105 中要求瞬间电压波动不超过 3%/10min，闪变满足 DIN EN 61000-3-3 或 DIN EN 61000-3-11 的要求，即当发电系统的额定电流≤75A 时，短期闪变 $P_{st} \leqslant 1$，长期闪变 $P_{lt} \leqslant 0.65$。发电系统的额定电流>75A，所有公共连接点上的 P_{lt} 不超过 0.5。

GB/T 33593—2017 中规定，电压波动和闪变应满足《电能质量 电压波动和闪变》（GB/T 12326—2008）中的要求。对于电压波动，其限值和电压变动频度、电压等级有关，但上限不超过 4%。对于闪变的限值，电力系统公共连接点在系统运行的较小方式下，以一周（168h）为测量周期，所有长时间闪变限值 P_{lt} 满足当电压≤110kV 时，$P_{lt}=1$。

3. 电压偏差

VDE-AR-N 4105 中规定网络中每个公共连接点的电压幅值变化不能超过 3%。GB/T 33593—2017 中规定，电压偏差应满足《电能质量 供电电压偏差》（GB/T 12325—2008）的要求，对于 20kV 及以下三相供电电压偏差为标称电压的 ±7%，对于 220V 单相供电电压偏差为标称电压的 +7%，-10%。

4. 电压不平衡度

在电力系统中，各种不平衡工业负荷以及各种接地短路故障都会导致三相电压的不平衡。VDE-AR-N 4105 中规定，单相不平衡不得超过 4.6kVA。GB/T 33593—2017 中规定，电压不平衡度应满足《电能质量 三相电压不平衡》（GB/T 15543—2008）中的要求，即电网正常运行时，负序电压不平衡度不超过 2%，短时不得超过 4%；接于公共连接点的每个用户引起该点负序电压不平衡度允许值一般为 1.3%，短时不超过 2.6%。

2.2.4　安全与保护

1. 电压保护

通过 380V 电压等级并网的分布式电源，其电压保护动作时间要求见表 2-12。当并网点处电压超出表中规定的电压范围时，应在相应的时间内停止向电网线路送电。

表 2-12　　　　　　　　　　电压保护动作时间要求

标准	并网点电压	切除时间要求/s
VDE-AR-N 4105	$U<0.8U_N$	0.2
	$U>1.1U_N$ （可根据情况设置为 1.1～1.15）	0.2
GB/T 33593—2017	$U<0.5U_N$	0.2
	$0.5U_N\leqslant U<0.85U_N$	2
	$1.1U_N<U<1.35U_N$	2
	$U\geqslant1.35U_N$	0.2

2. 频率保护

VDE-AR-N 4105 中规定，通过 380V 电压等级并网的分布式电源，当并网点频率超过 47.5～51.5Hz 运行范围时应在 0.2s 内停止向电网送电。GB/T 33593—2017 中规定，通过 380V 电压等级并网的分布式电源，当并网点频率超过 49.5～50.2Hz 运行范围时应在 0.2s 内停止向电网送电。

3. 防孤岛保护

几乎所有的技术标准都要求，当主电网失电时，防孤岛断路器必须尽快断开。VDE-AR-N 4105 中规定，逆变器在孤岛条件下，要求在 5s 内切除；GB/T 33592—2017 中要求防孤岛保护动作时间不大于 2s。

第3章 分布式光伏系统并网接入技术

3.1 并网设备选型要求

本节首先介绍了光伏并网系统的关键设备，包括光伏阵列、光伏并网逆变器、光伏配电柜，并介绍了光伏并网系统的体系结构，主要介绍了集中式结构、组串式结构、集散式结构、交流组件式结构、直流组件式结构和协同式结构以及其优缺点及适用范围。光伏并网逆变器作为光伏系统的核心组件，是整个光伏并网系统能够稳定、安全、可靠、高效地运行的关键，同时也是整个系统使用寿命的主要影响因素，为此分隔离型和非隔离型光伏并网逆变器进行阐述，针对单相、三相系统分别给出了其对应的拓扑结构，最后介绍了逆变器质量检测技术规范要求以及反孤岛装置的技术要求，主要包括逆变器输入、逆变器输出、逆变器效率、谐波畸变、功率因数、三相电流不平衡度等。

3.1.1 并网关键设备、体系结构及接入规则

1. 光伏并网系统的关键设备

一个完整的光伏并网系统，包含了光伏阵列、光伏并网逆变器、交流配电柜等部分，其结构如图 3-1 所示。

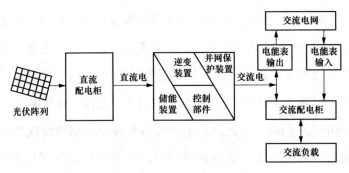

图 3-1 分布式光伏的并网结构

（1）光伏阵列。光伏阵列（Photovoltaic Array）用于大规模的光伏发电系统，它由

多片光伏模组连接而成，包含了大量的光伏电池。光伏电池是用于光电转换的基本单元，一个光伏电池的工作电压约为 0.45V，电流约为 $20\sim25\text{mA/cm}^2$，将一定数量的光伏电池串、并联封装后，就构成了光伏电池阵列组件。

（2）光伏并网逆变器。光伏并网逆变器（PV inverter 或 solar inverter）可以将光伏（PV）太阳能板输出的可变直流电转换为市电频率交流电（AC），并反馈到商用输电系统，或供给离网的电网使用。光伏并网逆变器是光伏阵列系统中重要的系统平衡（Balance of System，BoS）之一，也是并网光伏发电系统变换和控制的重要枢纽，可以配合一般交流供电的设备使用。此外，光伏并网逆变器是整个光伏并网系统能够稳定、安全、可靠、高效地运行的关键，同时也是整个系统使用寿命的主要影响因素。

（3）光伏配电柜。光伏配电柜的类型涵盖光伏交流配电柜与光伏直流配电柜。光伏直流配电柜在大型光伏电站中发挥着关键作用，它用于连接汇流箱与光伏逆变器，不仅可以提供防雷及过流保护，还能监测光伏阵列的单串电流和电压以及防雷器和短路器的状态。光伏交流配电柜则是一个交流配电单元，主要用于实现逆变器输出电量的输出、监测、显示以及设备保护等功能，可通过交流配电柜为逆变器提供输出接口，并配置输出交流断路器，以便直接并网或供给交流负载使用。

2. 光伏并网系统的体系结构

众所周知，光伏系统以追求发电功率的最大化为目标，系统结构在决定发电功率方面扮演着关键角色。一方面，光伏阵列的分布方式会显著影响发电功率；另一方面，发电系统和逆变器的构造也会因功率等级的差异而有所调整。因此，根据光伏阵列的分布方式差异以及功率等级的不同，并网光伏系统体系结构可以分为集中式结构、组串式结构、集散式结构以及交流、直流组件等多种结构。

（1）集中式结构。集中式结构光伏并网体系如图 3-2 所示。在这种结构中，多组光伏阵列通过直流汇流箱连接至单台集中式逆变器，通常由两台集中式逆变器共用一个箱式变压器，以此形成一个集中式发电单元。集中式光伏逆变器的主流产品功率等级通常在 500kW 至 3MW 之间，可扩展至数百 MW 甚至达到 GW 级，主要适用于地形平坦和受光条件优越的 10MW 至 1GW 功率等级的大型地面（荒漠）光伏电站。

1）优点。集中式结构的主要优点：①逆变器具备大功率和高效率的特点；②在构建大型光伏电站时，由于逆变器数量相对较少，因此系统整体展现出更高的可靠性；③系统运维成本相对较低。

2）不足。集中式结构的主要缺点：①光伏电池的旁路二极管会增加系统损耗；

②单一或有限路的 MPPT 难以有效实现最大功率点跟踪，这在一定程度上制约了系统发电效率的提升。

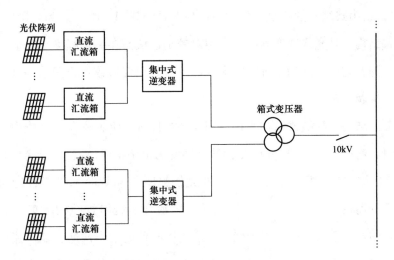

图 3-2　集中式结构光伏并网体系

（2）组串式结构。组串式结构光伏并网体系如图 3-3 所示。在此结构中，多块光伏电池通过串联的方式组成光伏组串，每路或若干路光伏组串与一台组串式逆变器相连，多台组串式逆变器的输出会通过交流汇流箱与箱式变压器相连，进而并入电网。通常，每台组串式逆变器内部都配置了多路 MPPT 控制单元，并且这些逆变器具备较宽的 MPPT 电压范围。组串式逆变器的主流产品功率等级在 20～100kW 之间，一般适用于地形复杂和受光条件有限（如山地、坡面、遮挡）的分布式光伏电站，其功率等级通常处于 100kW～10MW 之间。

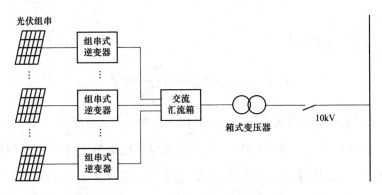

图 3-3　组串式结构光伏并网体系

1）优点。相较于集中式结构，组串式结构的优点主要体现在以下几个方面：①由于省去了阵列中的阻塞二极管，组串式结构实现了更低的阵列损耗；②通过提升抗热斑和抗阴影能力，并引入多路 MPPT 设计，其运行效率得到了显著提升；③该结构还增强了系统的扩展性和冗余能力。

2）不足。组串式结构的不足之处主要体现在系统依旧面临热斑和阴影问题的挑战，相较于集中式结构，其光伏逆变器的功率相对较小，从而在一定程度上降低了逆变器的效率。此外，随着光伏电站功率等级的提升，所需的逆变器数量也随之增加，这相应地提高了系统的扩展成本。

（3）集散式结构。集散式结构光伏并网体系如图 3-4 所示。在此结构中，每一路或若干路光伏组串连接至一个 DC/DC 变换器（通常为 Boost 变换器），以实现直流升压和 MPPT，因此也被称为 MPPT 控制器。这些光伏组串通过多路 MPPT 控制器的输出汇集到集中式逆变器的直流侧。显然，集散式结构融合了组串式结构和集中式结构的优势，具有广阔的发展潜力。集散式光伏并网系统所配备的集中式逆变器主流产品的功率等级介于 500kW～2MW 之间，通常适用于地形复杂和受光条件有限（山地、坡面、遮挡）的 10～100MW 功率等级的大型地面光伏电站。

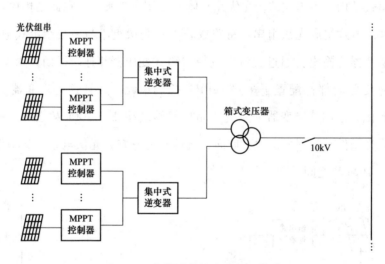

图 3-4　集散式结构光伏并网体系

1）优点。集散式结构的优点主要体现在以下几个方面：①每个 DC/DC 变换器及其连接的光伏阵列都具备独立的 MPPT，从而最大限度地提升了光伏电池的能量转换效率；②利用 DC/DC 变换器的升压控制，可以显著提高集中式逆变器的直流母线电压和交流输出电压，进一步降低并网电流，并增强集中式逆变器的运行效率；③在多支路系统中，即使某个 DC/DC 变换器出现故障，系统仍然能够保持运行状态，并且具备良好的可扩展性。

2）不足。集散式结构的不足之处在于随着集散式结构系统功率等级的提升，DC/DC 变换器的数量也随之增长，这在一定程度上对系统的可靠性造成了影响，并且也带来了系统成本的相应上升。

（4）交流组件式结构。交流组件式结构光伏并网体系如图 3-5 所示。在这种结构中，通常将一块光伏电池和一个微型逆变器（小功率并网逆变器）通过合理的设计集成为一体，共同组成一个能够独立并网的光伏电池，通常称此类可并网的光伏电池为交流组件。当然，微型逆变器也可以与光伏电池分置，通常安装在光伏电池的背面，从而形成一个独立的光伏并网发电系统。交流组件和微型逆变器的主流产品功率等级在 200～

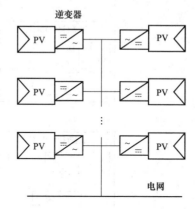

图 3-5　交流组件式结构光伏并网体系

500W 之间，主要适用于光伏建筑和户用型光伏并网发电系统。

1）优点。交流组件式结构的主要优点主要包括：①组件级设计实现了低压快速切断控制，从而显著提升了系统的安全性；②无阻塞和旁路二极管，有效降低了光伏电池的损耗；③消除了热斑和阴影问题；④每个组件均采用了独立 MPPT 设计，使得系统发电效率得到了最大限度提升；⑤这种结构易于实现标准化、规模化生产，每个模块独立运行，赋予了系统强大的扩展和冗余能力。

2）不足。交流模块式结构的主要不足体现在：由于采用小容量逆变器设计，导致了逆变效率相对较低；由于在系统应用时需要大量的逆变器，使得成本相对较高，运维也相对困难。

（5）直流组件式结构。直流组件式结构光伏并网体系如图 3-6 所示。在这种结构中，通常将高增益的 DC/DC 变换器和光伏电池通过合理的设计集成为一体，构成一个具有直流升压和 MPPT 功能的即插即用型光伏电池。通常多个直流组件输出连接至一台集中式逆变器，集中式逆变器的主要功能是将多个并联在公共直流母线上的直流组件发出的直流电能逆变为交流电能且实现并网运行，并维持直流母线电压恒定，以确保各个光伏直流组件正常并联运行。直流组件式结构不仅有与交流组件式结构相同的组件级光伏发电系统的优势，同时还克服了交流组件式结构中微型逆变器效率相对较低和逆变器数量繁多的缺点，是一种应用于小型分布式光伏发电系统较为理想的结构。

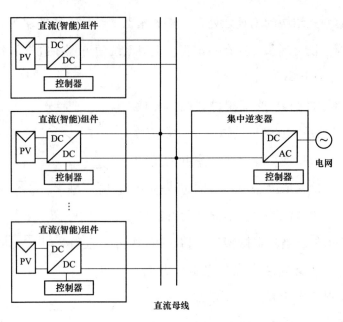

图 3-6　直流组件式结构光伏并网体系

（6）协同式结构。图 3-7 所示为协同式结构光伏并网体系。在这一结构中，根据外部光照环境的变化，并利用控制组协同开关对并网系统的结构进行动态调整，以达到最佳的光伏能量利用效率。当外部辐照度偏低时，控制组协同开关使所有光伏组串仅与一个并网逆变器相连，构成集中式结构，从而解决了逆变器轻载运行的低效率问题。随着

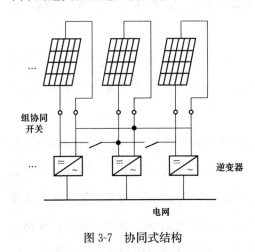

图 3-7　协同式结构

辐照度的不断增强，组协同开关将动态调整光伏电池的串结构，使不同规模的光伏组串和相应等级的逆变器相连，从而达到最佳的逆变效率，以提升光伏能量利用率。此时，系统结构变成了多个组串式结构同时并网输出。由于这样的组串式结构的功率等级是经由组协同开关动态调整的，并且每个组串都具有独立的 MPPT，因此光伏系统的运行效率得以显著提升。

3. 光伏并网系统的接入规则

连接点也称为访问点，对于通过 10kV 专用线连接的系统，连接点为变电站的 10kV 出线间隔断路器。而对于具有 10kV T 接、380/220V 接入的系统，连接点是指分布式新能源和公共线路之间的连接点。

并网光伏发电系统主要遵循以下规则。

（1）确定并网点的原则。电源在并网后可以有效传输电力，并确保电网安全稳定运行。

（2）接入电网通过单点方式。连接有分布式光伏的低压配电站区域不能与其他配电站建立低压连接（配电室与箱式变压器低压母线之间的连接除外）。

（3）接入系统方案应确定公共连接点和合并点的位置，并检查所连接配电线路的承载能力和配电变压器容量，以满足用户并网和离网后的用电需求。

（4）如果在公共连接点上安装了多个电源，则应整体考虑其影响。原则上，总容量不得超过上层变压器电源区域中最大负载的 30%。

（5）光伏并网时不同容量的电压等级原则。考虑到电网不同电压等级的电能质量、输配电能力等技术要求，根据并网光伏电站的电压等级，可分为小型、中型或大型规模的光伏电站，这 3 类光伏电站的具体区分如下。

1）小型光伏电站。小型光伏电站是指与 0.4kV 低压电网连接的光伏电站，当其容量等于或小于上一级变压器电源区域中最大负载的 25% 时，可以将其直接连接到 380V 配电网。

2）中型光伏电站。中型光伏电站是指与 10～35kV 电网相连并通过 T 型连接与公共电网相连的光伏电站，光伏电站的容量应小于公共电网线路最大传输容量的 30%。

3）大型光伏电站。大型光伏电站是指连接到电压等级为 66kV 或以上电网的光伏电站，大型光伏电站需通过专线连接到电力系统进入公共电网，电压水平通常高于 66kV。

（6）10kV 接入点的接入，应当具备操作简便、开断点明显、可闭锁、有断路故障电流分断设备和接地功能。

（7）当 10kV 公用电网连接的线路进入自动重合闸时，应检查重合闸时间。

（8）光伏并网连接点应配备易于操作的分断设备，该分断设备应具有明显的分断指示和分断故障电流容量，并应配备失压跳闸和电压检测锁定合闸装置。

（9）连接到 380/220V 电网的设备应具有电压、电量、电流和其他信息收集功能以及三相电流不平衡监测功能。

（10）当连接至 220V 电网时，应当验证连接至同一变电站区域中各相的分布式光伏发电的总容量，以符合《电能质量 三相电压不平衡》（GB/T 15543—2008）规定的极限值，以防止三相电源不平衡。

（11）停电后，一旦发现出现了孤岛现象，应当立即断开逆变器与电网连接。

3.1.2　光伏并网逆变器类型

光伏并网逆变器是将太阳能电池输出的直流电转换成符合电网要求的交流电再输入电网的设备，是并网型光伏系统能量转换与控制的核心。光伏并网逆变器不仅影响和决定整个光伏并网系统是否能够稳定、安全、可靠、高效地运行，同时也是影响整个系统使用寿命的主要因素。因此掌握光伏并网逆变器技术对研究、应用和推广光伏并网系统有着至关重要的作用。本节主要介绍隔离型和非隔离型光伏并网逆变器。

1. 隔离型光伏并网逆变器

当光伏阵列输出电压范围不满足并网逆变器并网控制要求，或者需要强制执行相应电气隔离安全标准时，光伏并网逆变器的输出必须通过隔离变压器并网运行，此时变压器成为光伏逆变系统的一部分。在隔离型光伏并网逆变器中，又可以根据隔离变压器的工作频率将其分为工频隔离型和高频隔离型两类，本节主要介绍工频隔离型光伏并网逆变器。

在工频隔离型光伏并网逆变系统中，光伏阵列输出的直流电由逆变器逆变为交流电，经过变压器升压和隔离后并入电网。使用工频变压器进行电压变换和电气隔离具有结构简单、可靠性高、抗冲击性能好、安全性能良好、无直流电流等优点，但也存在工频变压器体积大、重量大、系统功率密度低等缺点。工频隔离型光伏并网逆变器主要分为单相工频隔离型和三相工频隔离型两种基本电路拓扑。

（1）单相工频隔离型光伏并网逆变器。单相工频隔离型光伏并网逆变器结构如图 3-8 所示，一般有全桥式和半桥式两种拓扑结构。这类单相结构常用于几 kW 以下功率等级的单相光伏并网系统，其中直流工作电压一般小于 600V，工作效率小于 96％。由于应用于小功率系统时效率较低，且体积大，因此工频隔离型单相光伏并网逆变器已较少应用在实际系统中。

（2）三相工频隔离型光伏并网逆变器。三相工频隔离型光伏并网逆变器结构如图 3-9 所示。一般采用三相半桥逆变器拓扑结构，包括两电平和三电平主电路结构。这类采用工频变压器的光伏并网逆变器常用于 10～500kW 功率等级的三相光伏并网系统，对应最大直流电压为 1kV 的光伏并网系统，其直流侧 MPPT 电压范围一般在 450～820V 之间，工作效率可达 98％以上。早期的三相工频隔离型光伏并网逆变器主电路拓扑由于考虑成本低和结构简单等因素而常采用两电平拓扑，如图 3-9（a）所示；为了适应更高的直流电压、减少输出谐波及损耗，原有的两电平主电路结构大都被 I 型或 T 型三电平拓扑所取代，如图 3-9（b）和图 3-9（c）所示；另外，对于大功率工频隔离型光伏逆变器系统，通常采用组合工频隔离型结构，即两台大功率逆变器输出连接一台双分裂绕组变压器，如图3-9（d）所示。另外，这种三相组合工频隔离型结构，当两台逆变器同时工作时，一方面可以利用变压器二次绕组△/Y连接消除低次谐波电流；另一方面还可以采用移相多重化设计技术以提高等效开关频率，进一步降低并网电流的高次谐波。对于最大直流电压为1kV的单级非隔离型光伏并网逆变器，其逆变器直流侧MPPT范围约为450～820V，而逆变器效率可达98%～99%，是效率最高的逆变器类型。

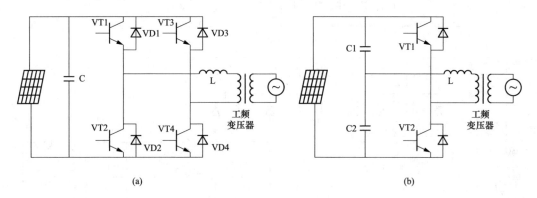

图3-8 单相工频隔离型光伏并网逆变器结构

（a）全桥式；（b）半桥式

2. 非隔离型光伏并网逆变器

为了尽可能地提高光伏并网系统的效率和降低成本，在光伏阵列输出电压变化范围满足逆变器/并网要求时，且在不需要强制电气隔离的条件下（有些国家的相关标准规定了光伏并网系统需强制电气隔离），可以采用无变压器的非隔离型光伏并网逆变器直接并入低压电网的方案。需要注意的是，这里的"非隔离"主要是指与逆变器的输出无低压隔离变压器。非隔离型光伏并网逆变器由于省去了变压器，具有体积小、重量轻、效率高、成本较低等诸多优点，使得非隔离型并网结构具有较为广泛的应用前景。一般而言，非隔离型光伏并网逆变器按结构可以分为单级型和多级型两种。下面分类进行叙述。

（1）单级非隔离型光伏并网逆变器。典型单级光伏并网逆变器只用一级典型的电压型逆变电路完成并网逆变功能，通常包括单相、三相并网系统，其结构如图3-10所示。

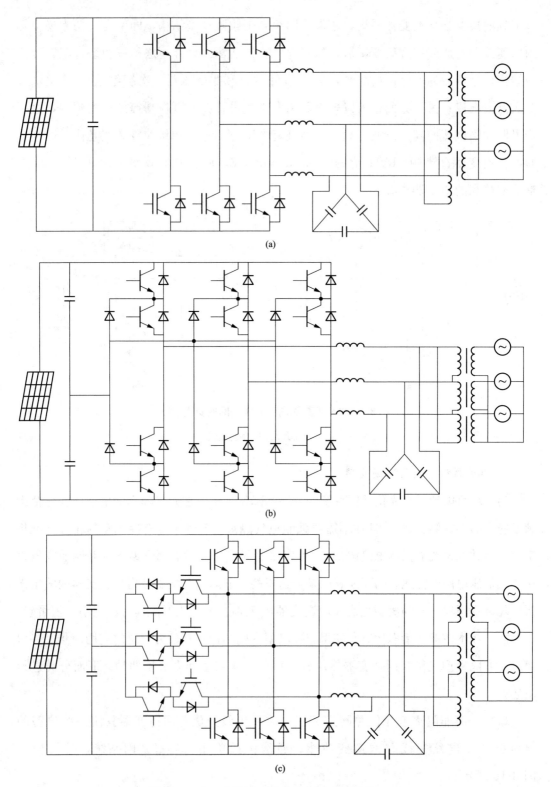

图 3-9 三相工频隔离型光伏并网逆变器结构（一）

（a）两电平主电路结构；（b）Ⅰ型三电平主电路结构；（c）T型三电平主电路结构

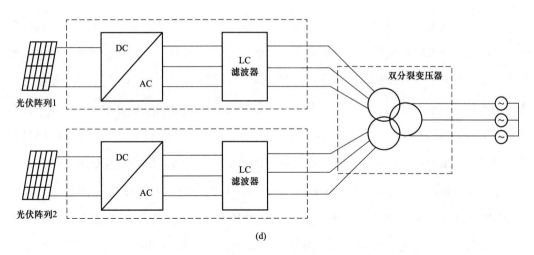

图 3-9　三相工频隔离型光伏并网逆变器结构（二）

（d）组合隔离性主电路结构

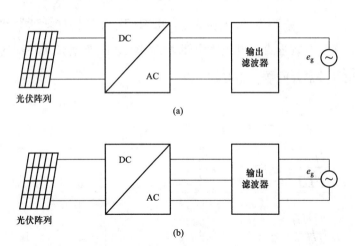

图 3-10　典型单级非隔离型光伏网逆变器系统结构

（a）单相系统；（b）三相系统

这种典型单级光伏并网逆变器具有电路结构简单、可靠性强和效率高等诸多优点，通常应用于 100kW 以下的中、小功率光伏发电系统中，如户用光伏发电系统等。典型单级光伏并网逆变器中，其逆变电路主要有两电平、三电平以及五电平等多种拓扑结构，而多电平拓扑因其滤波器体积小、效率高以及较好的电磁兼容性等优势，已经成为非隔离型并网光伏逆变器的拓扑发展趋势。

典型单级非隔离型光伏并网逆变器的主要缺点是要求光伏阵列工作电压足够高，而 MPPT 的电压范围相对较小。

虽然上述典型单级非隔离型光伏并网逆变器省去了工频变压器，但逆变器输出均有滤波电感，而该滤波电感中均流过工频电流，因此也有一定的体积和重量。另外，对典型单级非隔离型光伏并网逆变器而言，如果从直流侧向交流侧的电压变换特性分析，则电压型并网逆变器实际上是一种具有 Buck 特性的变换器，这就要求光伏电池串联且具有足够高的电压以满足并网逆变器的并网控制要求，这实际上对组件的串联数提出了低限要求。针对典型单级非隔离型光伏并网逆变器 Buck 特性的不足，可以考虑利用 Buck-Boost 电路进行相应改进，下面介绍一种基于 Buck-Boost 电路的单级非隔离型光伏并网逆变器。

基于 Buck-Boost 电路的单级非隔离型光伏并网逆变器拓扑由两组光伏阵列和 Buck-Boost 型斩波器组成，如图 3-11 所示。由于采用 Buck-Boost 型斩波器，因此无需变压器便能适配较宽的光伏电池电压以满足并网发电要求。两个 Buck-Boost 型斩波器工作在固定开关频率的非连续模式（Discontinuous Current Mode，DCM）下，并且在工频电网的正负半周中控制两组光伏阵列交替工作。由于中间储能电感的存在，这种非隔离型光伏并网逆变器的输出交流端无需接入流过工频电流的电感，因此逆变器的体积、重量显著减小。另外，与具有较强直流电压适配能力的多级非隔离型光伏并网逆变器相比，这种逆变系统所用开关器件的数目相对较少。

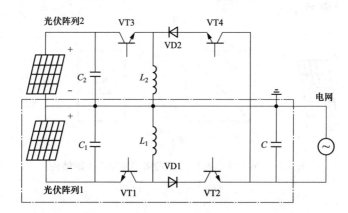

图 3-11　基于 Buck-Boost 电路的单级非隔离型光伏并网逆变器主电路拓扑

（2）多级非隔离型光伏并网逆变器。在典型单级非隔离式光伏并网系统中，由于电压源并网逆变器的 Buck 特性，光伏阵列输出电压必须在任何时刻都大于电网电压峰值，因此需要多块光伏电池串联以提高光伏系统输入电压等级。但是多个光伏电池串联常常可能由于部分电池组件被云层等外部因素遮蔽，导致太阳电池组件输出能量严重损失，太阳电池组件输出电压跌落，无法保证输出电压在任何时刻都大于电网电压峰值，从而使整个光伏并网系统不能正常工作。而且只通过一级能量变换常常难以满足光伏阵列宽范围的 MPPT 控制，虽然上述基于 Buck-Boost 电路的单级非隔离型光伏并网逆变器能

克服这一不足，但其需要两组光伏电池连接
并交替工作，效率较低，只适用于小功率户
用光伏发电系统，对此可以采用多级变换的
非隔离型光伏并网逆变器来解决这一问题，

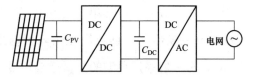

图 3-12　多级非隔离型并网逆变器结构

其结构如图 3-12 所示。通常非隔离型光伏并网逆变器的拓扑由两部分构成，即前级的
DC/DC 变换器以及后级的 DC/AC 变换器。

多级非隔离型光伏并网逆变器的设计关键在于 DC/DC 变换器的电路拓扑选择，从
DC/DC 变换器的效率角度来看，Buck 和 Boost 变换器效率是最高的。由于 Buck 变换器
是降压变换器，无法升压，因此 Buck 变换器很少用于光伏并网发电系统。Boost 变换器
为升压变换器，从而可以使光伏阵列可以工作在一个宽泛的电压范围内，因而直流侧电
池组件的电压配置更加灵活。由于通过适当的控制策略可以使 Boost 变换器的输入端电
压波动很小，因而提高了最大功率点跟踪的精度；同时 Boost 电路结构上与网侧逆变器
下桥臂的功率管共地，集成设计时驱动相对简单。可见，Boost 变换器在多级非隔离型
光伏并网逆变器拓扑设计中是较为理想的拓扑选择，具体讨论如下。

1）基本 Boost 多级非隔离型光伏并网逆变器。基本 Boost 多级非隔离型并网光伏逆
变器的主电路拓扑主要有单相逆变器结构和三相逆变器结构，如图 3-13 所示。

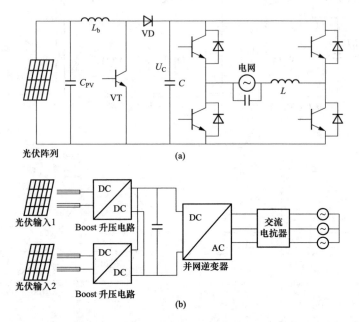

图 3-13　基本 Boost 多级非隔离型并网光伏逆变器主电路拓扑

（a）单相逆变器结构；（b）三相逆变器结构

从图 3-13（a）所示的单相逆变电路可以看出，该电路为双级功率变换电路，前级采用 Boost 变换器完成直流侧光伏阵列输出电压的升压功能以及系统的 MPPT，后级 DC/AC 部分一般采用典型的全桥逆变电路（两电平、三电平等）完成直流母线电压的稳压控制和并网逆变控制，是一种典型的小功率户用光伏逆变器方案。而图 3-13（b）所示的基于 Boost 多级非隔离型三相并网光伏逆变电路则是组串式光伏逆变器的典型方案，其输入采用了多路 MPPT 设计，最大限度地提高光电利用率，其逆变桥通常采用三电平逆变器设计，主要应用于 20～100kW 功率等级的并网光伏系统中。

2）双模式 Boost 多级非隔离型并网光伏逆变器。在基本 Boost 多级非隔离型并网光伏逆变器中，前级 Boost 变换器与后级全桥变换器均工作于高频状态，因而开关损耗相对较大。为此，有学者提出了一种新颖的双模式 Boost 多级非隔离型并网光伏逆变器，这种并网光伏逆变器采用任何情况下只有一级高频变换的双模式运行策略，具有体积小、寿命长、损耗低、效率高等优点，其主电路及工作波形如图 3-14 所示。与基本 Boost 多级非隔离型并网光伏逆变器不同的是，双模式 Boost 多级非隔离型并网光伏逆变器电路增加了旁路二极管 VD。

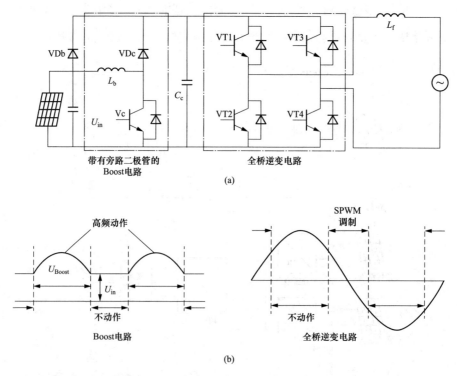

图 3-14　双模式 Boost 多级非隔离型并网光伏逆变器主电路及工作波形

（a）主电路图；（b）工作波形图

3.2 孤岛效应及防护策略

孤岛效应是指，当电网供电因故障事故或停电维修而跳闸时，各个用户端的分布式并网发电系统（如光伏发电、风力发电、燃料电池发电等）未能及时检测出停电状态，从而将自身切离市电网络，最终形成由分布式电站并网发电系统和其相连负载组成的自给供电的孤岛发电系统。分布式发电系统的孤岛效应如图 3-15 所示。

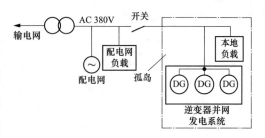

图 3-15　分布式发电系统的孤岛效应

孤岛效应的发生会给系统设备和相关人员带来如下危害。

（1）孤岛效应使电压及其频率失去控制，如果分布式发电系统中的发电装置没有电压和频率的调节能力，且没有电压和频率保护继电器来限制电压和频率的偏压，孤岛系统中的电压和频率将会发生较大的波动，从而对电网和用户设备造成损坏。

（2）孤岛系统被重新接入电网，由于重合闸时系统中的分布式发电装置可能与电网不同步而使电路断路器装置受到损坏，而且可能产生很高的冲击电流，从而损害孤岛系统中的分布式发电装置，甚至导致电网重新跳闸。

（3）孤岛效应可能导致故障不能及时清除（如接地故障或相间短路故障），从而可能导致电网设备的损害，并且干扰电网正常供电系统的自动或手动恢复。

（4）孤岛效应使得一些被认为已经与所有电源断开的线路带电，这会给相关人员（如电网维修人员和用户）带来电击的危险。

3.2.1 孤岛效应发生机理和监测

1. 孤岛效应的发生机理

下面以典型的并网光伏发电系统为例分析其孤岛效应的发生机理。

光伏发电系统的功率流如图 3-16 所示。

当分布式光伏发电系统保持着稳定的运行状态，电网和分布式光伏发电系统一同向本地负载提供所需的有功功率 P_{load} 和无功功率 Q_{load} 假设由分布式光伏发电系统提供的有功功率为 P、无功功率为 Q；电网提供的有功功率为 ΔP、无功功率为 ΔQ，此时，整个系统供给和消耗的功率就保持一定的平衡。根据这个平衡，公共连接点（Point of Common Coupling，PCC）处的功率方程为

$$\begin{cases} P_{load} = P + \Delta P \\ Q_{load} - Q + \Delta Q \end{cases}$$ (3-1)

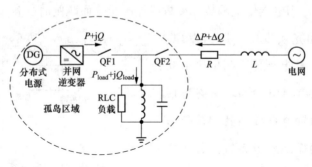

图 3-16 光伏发电系统的功率流

分布式光伏发电系统与大电网连接，由正常并网运行状态切换到孤岛状态时，流经本地负载的功率将产生变化，并网及孤岛运行时的系统等值电路如图 3-17 所示。

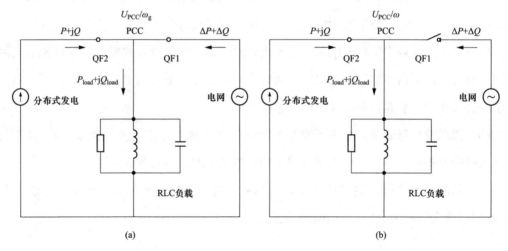

图 3-17 并网及孤岛运行时的系统等值电路

（a）并网运行；（b）孤岛运行

分布式光伏发电系统在并网状态下，功率流动情况为

$$\begin{cases} P + \Delta P = P_{load} = \dfrac{U_{PCC}^2}{R} \\ Q + \Delta Q = Q_{load} = U_{PCC}^2\left(\dfrac{1}{\omega_g L} - \omega_g C\right) \end{cases}$$ (3-2)

式中 R、L、C——分别为本地负载的电阻、电感、电容；

U_{PCC}——电网额定电压；

ω_g——电网额定角频率。

当分布式光伏发电系统处于孤岛状态时，RLC负载所必要的有功和无功功率分别为

$$\begin{cases} P_{load} = \dfrac{U_{inv}^2}{R} \\ Q_{load} = U_{inv}^2 \left(\dfrac{1}{\omega L} - \omega C \right) \end{cases} \quad (3\text{-}3)$$

式中　ω——逆变器侧角频率；

　　　U_{inv}——逆变器侧电压。

由式（3-2）和式（3-3）可以推导出

$$\begin{cases} U_{inv}^2 - U_{PCC}^2 = R\Delta P \\ (\omega_g - \omega)(1 + \omega_g \omega LC) = \dfrac{\omega_g \omega L \Delta Q}{U_{PCC}^2} \end{cases} \quad (3\text{-}4)$$

由式（3-4）可知，两个光伏发电系统互联时，相互交换的有功和无功功率的值不等于零且持续波动。电网断开时，PCC处的电压和频率会产生偏移。原因在于，当分布式光伏发电系统正常并网时，所需的有功和无功功率与电源供给匹配，即 $P_{load} = P$，$Q_{load} = Q$，或者近似范围内匹配；QF2断开前后，若PCC处的电压和角频率在可调节范围内，此时两者之间电气量无明显差别，所以分布式光伏发电系统仍持续向负载供电，最终形成了一个不可控的孤岛系统。因此，当电网断开，分布式光伏发电系统和本地负载功率近似匹配时，孤岛现象必然发生。

通常情况下，由于并网发电系统的输出功率和负载功率之间的巨大差异会引起系统的电压和频率的较大变化，因而通过对系统电压和频率的检测，可以很容易地检测到孤岛效应。但是如果逆变器提供的功率与负载需求的相匹配，即 $P_{load} = P$，$Q_{load} = Q$，那么当线路维修或故障而导致网侧断路器跳闸时，PCC处电压和频率的变化很小，很难通过对系统电压和频率的检测来判断孤岛的发生，这样逆变器可能继续向负载供电，从而形成由并网光伏发电系统和周围负载构成的一个自给供电的孤岛发电系统。

孤岛系统形成后，PCC处电压瞬时值 u_a 由负载的欧姆定律确定，并受逆变器控制系统的监控。同时逆变器为了保持输出电流 i_{inv} 与端电压 u_a 的同步，将驱使 i_{inv} 的频率改变，直到 i_{inv} 与 u_a 之间的相位差为0，从而使 i_{inv} 的频率到达一个（且是唯一的）稳态值，即负载的谐振频率 f_0。显然，这是电网跳闸后RLC负载的无功功率需求只能由逆变器提供（即 $Q_{load} = Q$）的必然结果。

这种因电网跳闸而形成的无功功率平衡关系可用相位平衡关系来描述，即

$$\varphi_{load} + \theta_{inv} = 0 \quad (3\text{-}5)$$

式中 θ_{inv}——逆变器输出电流超前于端电压的相位角；

φ_{load}——负载阻抗角。

在并联 RLC 负载的假设情况下，有

$$\varphi_{\mathrm{load}}=\arctan\left[R\left(\omega C-(\omega L)^{-1}\right)\right] \tag{3-6}$$

2. 并网发电系统孤岛效应发生的必要条件

从以上分析可以看出，并网发电系统孤岛效应发生的必要条件如下。

（1）发电装置提供的有功功率与负载的有功功率相匹配。

（2）发电装置提供的无功功率与负载的无功功率相匹配，即满足相位平衡关系 $\varphi_{\mathrm{load}}+\theta_{\mathrm{inv}}=0$。

3. 孤岛效应的检测

了解孤岛效应发生的机理后，重要的是要能够及时且有效地检测出孤岛效应，这包含以下两个方面。

（1）必须能够检测出不同形式的孤岛系统，每个孤岛系统可能由不同的负载和分布式发电装置（如光伏发电、风力发电等）组成，其运行状况可能存在很大差异。一个可靠的反孤岛方案必须能够检测出所有可能的孤岛系统。

（2）必须在规定时间内检测到孤岛效应。这主要是为了防止并网发电装置不同步的重合闸。空气开关通常在 0.5～1s 的延迟后重新合上，反孤岛方案必须在重合闸发生之前使并网发电装置停止运行。

孤岛检测标准有着时间方面的相关规定，需要至少一种主动和被动的检测手段，并规定了不同情况下的最大检测时间，见表 3-1。

表 3-1　　　　　　　　　　　孤 岛 效 应 检 测 时 间

状态	电网跳闸后电压幅值/V	电网跳闸后电压频率/Hz	允许的检测时间
A	$u<110$	f_{N}	6 个工频周期（120ms）
B	$110\leqslant u<194$	f_{N}	2s
C	$242\leqslant u<301$	f_{N}	2s
D	$301<u$	f_{N}	2 个工频周期（40ms）
E	u_{N}	$f<49.5$	6 个工频周期（120ms）
F	u_{N}	$f>50.5$	6 个工频周期（120ms）

注　表中 u_{N} 表示电网电压额定值；f_{N} 表示指电网频率额定值。

当 RLC 负载的谐振频率与电网频率相同，且分布式光伏系统和 RLC 负载处于功率近似匹配情况时，孤岛就会处于最难检测的状态。因此并网标准规定，测试电路中的本地负载必须采用并联 RLC 谐振负载。

3.2.2　孤岛防护策略

孤岛防护策略主要分为防孤岛和反孤岛措施，防孤岛装置是分布式光伏电站并网所需要的一种微机保护装置，即当电网出现电压高、电压低、频率高、频率低等故障时，能使光伏并网柜断路器及时跳闸。当电网恢复供电并且电压和频率达到允许值时，并网柜断路器要自动合闸（一般高压并网不做自动合闸要求，低压并网会有自动合闸的要求）。目的是在保证电网安全的同时，尽可能保证光伏的发电效率。反孤岛装置是在发生停电时，能自动切断电网与孤岛之间的连接。它通过监测电网的状态，一旦检测到电网停电，就会立即切断电网与孤岛之间的连接，避免被孤岛所供电。防孤岛及反孤岛保护装置安装位置如图 3-18 所示。

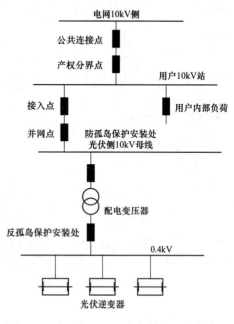

图 3-18　防孤岛及反孤岛保护装置安装位置

1. 防孤岛保护装置

防孤岛保护装置具有如下功能：①电压频率过低解列；②电压频率过高解列；③零序电压过高解列；④零序电压过低解列；⑤母线电压过高解列。其告警功能如下：①常规电压回路电压互感器断线报警；②快速电压回路电压互感器断线报警；③母线电压频率异常报警。

下面以 RHS6001 防孤岛保护装置为例介绍防孤岛保护装置的原理。

（1）两段式定时限电流方向保护。装置设Ⅰ、Ⅱ段电流方向保护，各段电流、时间及方向定值可独立整定。两段式电流电压方向保护相间功率方向元件采用 90°接线，两段式电流双方向保护原理如图 3-19 所示。

（2）过负荷保护。装置设有过负荷保护，保护可选择动作于跳闸或告警，过负荷保护原理如图 3-20 所示。

（3）剩余电流保护。装置设有剩余电流保护，保护可选择动作于跳闸或告警，剩余电流保护原理如图 3-21 所示。

分布式光伏系统并网监测控制技术

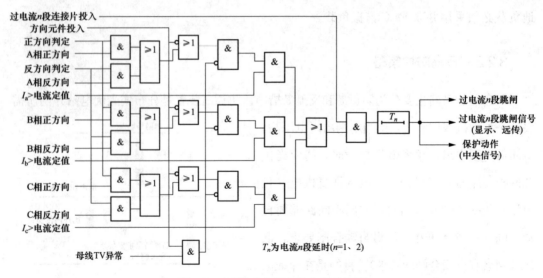

图 3-19　两段式电流双方向保护原理

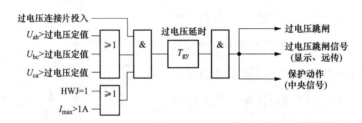

图 3-20　过负荷保护原理

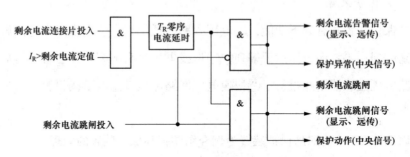

图 3-21　剩余电流保护原理

（4）过电压保护。装置设有过电压保护，过电压保护原理如图 3-22 所示。

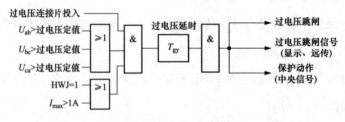

图 3-22　过电压保护原理

56

（5）低电压保护。装置设有低电压保护，低电压保护原理如图 3-23 所示。

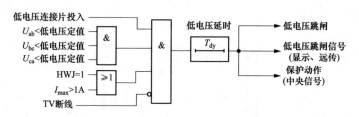

图 3-23 低电压保护原理

（6）自动有压合闸。装置设有自动有压合闸功能，自动有压合闸功能应用于分布式发电模式，是指当进线开关处于跳位，检测到主电网电压恢复正常且分布式发电侧无压后，系统经合闸延时后自动合闸。有保护动作后，自动有压合闸仍可动作一次，若动作一次后 20s 内保护再次动作，则永远闭锁自动有压合闸，直到手合、遥合命令发出后再次开放自动有压合闸；若 20s 内保护没有动作（在合位），则开放自动有压合闸。装置处于检修（检修开入有信号）时，闭锁自动合闸功能。自动有压合闸逻辑如图 3-24 所示。

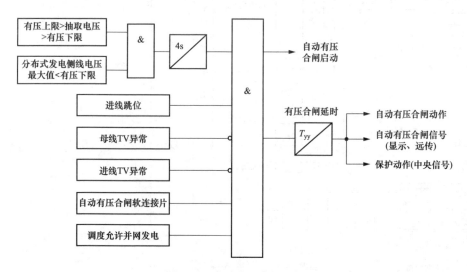

图 3-24 自动有压合闸逻辑

（7）孤岛检测。装置设有孤岛保护，孤岛检测考虑母线欠/过频、频率突变、欠/过压、电压谐波、正序分量方向闭锁等因素。进线被动孤岛检测原理如图 3-25 所示。

防孤岛主要适用于 10kV 电压等级的分布式发电项目，其功能设定依据国家发布的分布式电源并网相关标准规范，集成分布式电源并网所需的开关设备、保护装置、测控、通信等功能，满足分布式电源接入的孤岛检测、自动安全并网、保护及安全隔离等要求，防孤岛装置配置见表 3-2。

分布式光伏系统并网监测控制技术

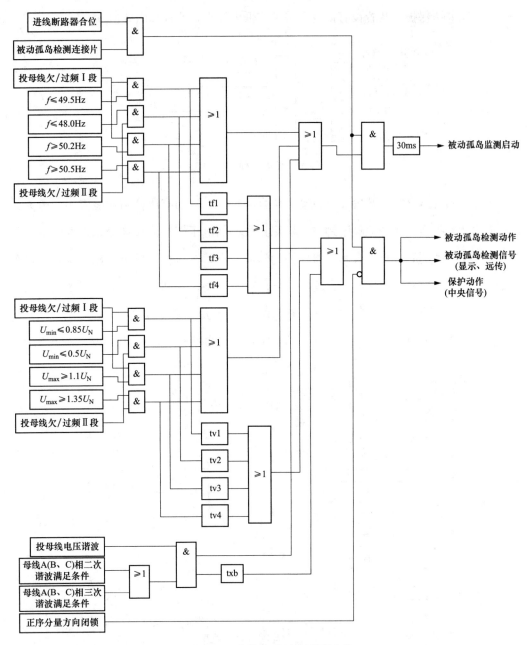

图 3-25　进线被动孤岛检测原理

表 3-2　　　　　　　　　　　　防孤岛保护装置配置表

应用条件	规格	安装位置
容量 8～30kW	电压：3×220/380V	产权分界点
容量 30kW 以上	电压：3×220/380V； 电流：5A（经互感器接入）	

2. 反孤岛保护装置

反孤岛装置是在发生停电时，能自动切断电网与孤岛之间的连接。它通过监测电网

58

的状态，一旦检测到电网停电，就会立即切断电网与孤岛之间的连接，避免被孤岛所供电。反孤岛装置的目的是保护电网的稳定和可靠运行，同时保护用户设备免受孤岛现象的影响。适用于接入总容量超过台区变压器额定容量 25％台区，规格为 $3 \times 220/380V$，安装位置为变压器低压母线处，反孤岛装置是以一面柜子的形式出现的，一般安装在变压器旁边，与配电变压器综合配电柜（JP柜）配合使用。

（1）反孤岛方案。已有的反孤岛方案主要可以分为基于通信的反孤岛策略和局部反孤岛策略两类，如图 3-26 所示。基于通信的反孤岛策略主要是利用无线电通信来检测孤岛效应，局部反孤岛策略是通过监控并网发电装置的端电压以及电流信号来检测孤岛效应。

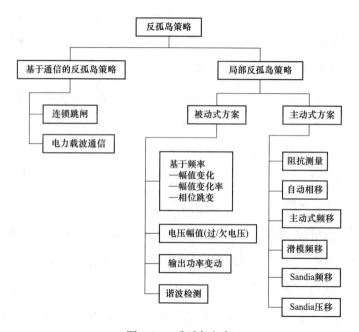

图 3-26 反孤岛方案

基于通信的反孤岛策略主要有连锁跳闸方案和电力线载波通信方案。局部反孤岛策略主要分为被动式方案和主动式方案，被动式方案通过监控并网发电装置与电网接口处电压或频率的异常来检测孤岛效应，包括过/欠电压和过/欠频率保护、相位跳变、电压谐波检测等方案。一般来说，并网光伏发电装置都具有过/欠电压保护和过/欠频率保护的功能，但由于被动式方案准确检测的范围有限，为了满足并网光伏发电系统反孤岛效应的安全标准的要求，必须采用主动式方案。主动式方案通过有意地向系统中引入扰动信号来监控系统中电压、频率以及阻抗的相应变化，以确定电网的存在与否，主要包括输出功率变动、阻抗测量方案、滑模频移、主动式频移、阻抗插入法以及 Sandia 频移等方案。

1）被动式反孤岛策略。

a. 过/欠电压反孤岛策略（OVP/UVP）。过/欠电压反孤岛策略是指当并网逆变器检测出逆变器输出的电网公共连接点 PCC 处的电压幅值超出正常范围（U_1，U_2）时，通过控制命令停止逆变器并网运行以实现反孤岛的一种被动式方法，其中 U_1、U_2 为并网发电系统标准规定的电压最小值和最大值。当断路器闭合正常时，公共耦合点电压的幅值由电网决定，不会发现异常现象。断路器断开瞬间，如果 $\Delta P \neq 0$，则逆变器输出有功功率与负载有功功率不匹配，PCC 点电压幅值将发生变化，如果这个偏移量足够大，孤岛状态就能被检测出来，从而实现反孤岛保护。

b. 过/欠频率反孤岛策略（OFP/UFP）。过/欠频率反孤岛策略是指当并网逆变器检测出在 PCC 点的电压频率超出正常范围（f_1，f_2）时，通过控制命令停止逆变器并网运行以实现反孤岛的一种被动式方法，其中 f_2、f_1 分别为电网频率正常范围的上下限值，IEEE Std 1547—2003 标注规定：当标准电网频率 $f_0 = 60\text{Hz}$ 时，$f_1 = 59.3\text{Hz}$，$f_2 = 60.5\text{Hz}$。由于我国标准电网频率采用的是 $f_0 = 50\text{Hz}$，因此根据比例计算出电网频率正常范围的上下限值分别为 $f_1 = 49.4\text{Hz}$，$f_2 = 50.4\text{Hz}$。电网正常时，公共耦合点电压的频率由电网决定，只要电网正常，就不会发生异常现象。电网断开瞬间，如果 $\Delta Q \neq 0$，则逆变器输出无功功率（近似等于 0）与负载无功功率不匹配，PCC 点的电压频率将发生变化，如果偏移出正常范围，孤岛状态就会被检测出来，从而实现反孤岛保护。

c. 基于相位跳变的反孤岛策略。相位跳变反孤岛策略是通过监控并网逆变器端电压与输出电流之间的相位差来检测孤岛效应的一种被动式反孤岛策略。为实现单位功率因数运行，正常情况下并网逆变器总是控制其输出电流与电网电压同相，而跳闸后逆变器的端电压将不再由电网控制，此时逆变器端电压的相位将发生跳变。因此可以认为，并网逆变器端电压与输出电流间相位差的突然改变意味着主电网的跳闸。当与电网连接时，并网逆变器通过检测电网电压的上升或下降过零点，利用锁相环使逆变器输出电流与电网电压同步。当电网跳闸时，由于逆变器的端电压 u_a 不再由电网控制，而并网逆变器输出电流 i_{inv} 跟随逆变器锁相环提供的波形固定不变，这必然导致逆变器端电压的相位发生跳变，此时 i_{inv} 和 u_a 的相位波形如图 3-27 所示。

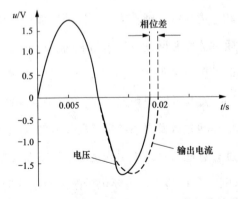

图 3-27　相位跳变方案中 i_{inv} 和 u_a 的相位波形

由于 i_{inv} 和 u_{a} 的同步只发生在 u_{a} 的过零点处，而在过零点之间，并网逆变器相当于工作在开环模式。当电网跳闸瞬间，输出电流为固定的参考相位，由于频率还没有改变，负载的阻抗角与电网跳闸前一样，于是逆变器的端电压 u_{a} 将跳变到新的相位，显然端电压 u_{a} 跳变后，i_{inv} 和 u_{a} 的相位差等于负载的阻抗角，即

$$\varphi_{\text{load}} = \arctan\left[R\left(\frac{1}{\omega L} - \omega C\right)\right] = \arctan\left(\frac{Q_{\text{load}}}{P_{\text{load}}}\right) \tag{3-7}$$

从图 3-27 分析不难发现，在逆变器端电压 u_{a} 发生跳变的下一个过零点，i_{inv} 和 u_{a} 新的相位差便可以用来检测孤岛效应。如果相位差比相位跳变方案中规定的相位阈值 φ_{th} 大，并网逆变器将停止运行；但若 $|\varphi_{\text{load}}| < \varphi_{\text{th}}$，则孤岛不会被检测出来，即进入不可检测区。

d. 基于电压谐波检测的反孤岛策略。电压谐波检测反孤岛策略是通过监控并网逆变器输出端电压谐波失真来检测孤岛效应的一种被动式反孤岛策略。当电网连接时，电网可以看作为一个很大的电压源，并网逆变器产生的谐波电流将流入低阻抗的电网，这些很小的谐波电流与低值的电网阻抗在并网逆变器输出端处的电压响应 u_{a} 仅含有非常小的谐波（THD≈ 0）。

当电网跳闸后，存在两个因素使得 u_{a} 中的谐波增加：①电网跳闸后，由于并网逆变器产生的谐波电流流入阻抗远高于电网阻抗的负载，从而使逆变器输出端电压 u_{a} 产生较大的失真，并网逆变器可以通过检测电压谐波的变化来判断是否发生孤岛效应；②系统中分布式变压器的电压响应也会导致电压谐波的增加，如果切离电网的断路器位于变压器的一次绕组侧，并网逆变器的输出电流将流过变压器的二次绕组，由于变压器的磁滞现象及其非线性特性，变压器的电压响应将高度失真，从而增加了逆变器输出端电压 u_{a} 中的谐波分量，当然与之类似的也可能是局部负载中的非线性因素，如整流器等亦会使 u_{a} 产生失真。通常上述由于变压器的磁滞现象及其非线性特性引起的电压谐波主要是三次谐波，因此采用电压谐波检测反孤岛策略主要是不断地监控三次谐波，当谐波幅值超过一定的阈值后，便能进行反孤岛保护。

实际应用研究表明：当并网光伏发电系统中包含有数十台并网逆变器时，这种电压谐波检测反孤岛策略能在孤岛发生后的 0.5s 内就能使所有光伏系统和电网断开连接。

可见，电压谐波检测反孤岛策略能够有效地阻止孤岛的发生，其可靠性较高，且尤其适用于小规模并网光伏发电系统。

以上讨论了几类被动式反孤岛策略，主要包括过/欠电压（OVP/UVP）和过/欠频

率（OFP/UFP）反孤岛策略、相位突变反孤岛策略以及电压谐波检测反孤岛等方案。其中，相位突变反孤岛策略以及电压谐波检测反孤岛方案由于孤岛检测的阈值难以确定，因而较少应用，而过/欠电压（OVP/UVP）和过/欠频率（OFP/UFP）反孤岛策略则应用较多，但通过实验与仿真分析可知，这两种反孤岛策略具有较大的非检测区域（NDZ），即在某些情况下无法检测孤岛的发生，为了减小甚至消除 NDZ，研究人员提出了多种主动式反孤岛策略方案。

2）主动式反孤岛策略。

a. 频移法。频移法是主动式反孤岛策略方案中最为常用的方案，主要包括主动频移（AFD）、Sandia 频移以及滑模频移等主动式反孤岛策略。主动频移 AFD 反孤岛策略是针对过/欠频率（OFP/UFP）反孤岛策略存在较大 NDZ 而提出的一种主动式反孤岛策略，通过理论仿真与实验研究可以看出，AFD 方案中的 NDZ 比过/欠频率（OFP/UFP）方案的 NDZ 有明显地减少，但 AFD 方案仍然具有比较大的 NDZ。在 AFD 方案的基础上，Sandia 国家重点实验室提出了一种带正反馈的主动频移反孤岛策略，也即通常提到的 Sandia 频移反孤岛策略。通过理论仿真和实验研究可知，Sandia 频移方案比起 AFD方案来说具有更小的 NDZ，因而其检测孤岛的效率更高。但是，无论是 AFD 方案还是 Sandia 频移方案均存在稀释效应。各类频移法的共同不足就是会向电网注入谐波而影响并网系统的电能质量。

b. 功率扰动法。为了可靠检测孤岛并且不向电网注入谐波，其中一种简单思路就是采用基于有功或无功扰动的反孤岛策略，这种基于功率扰动的反孤岛策略亦属于主动式反孤岛策略。

基于有功功率扰动的反孤岛策略周期性地改变 PV 逆变器的输出有功功率，主要以主动电流干扰法为主。主动电流干扰法可以采用逆变器输出电流扰动来实现有功的扰动，逆变器控制器将周期性地改变逆变器输出电流的幅值，亦即改变了逆变器输出的有功功率 P，从而在电网断电时打破逆变器输出有功功率与负载消耗的有功功率平衡以影响公共节点的电压，使其超出过/欠电压保护阈值，从而检测出孤岛效应。

基于无功功率扰动的反孤岛策略，是基于瞬时无功功率理论，利用可调节的无功功率输出改变孤岛状态下的源—负载之间的无功匹配度，通过负载频率的持续变化达到孤岛检测的目的。系统并网运行时，负载端电压受电网电压钳制，而基本不受逆变器输出的无功功率多少的影响。当系统进入孤岛状态时，一旦逆变器输出的无功功率和负载需求不匹配，负载电压幅值或者频率将发生变化。根据前面的讨论，当光伏系统提供的无功功率和负载所需的无功功率不匹配时，将导致检测点处频率的变化，因此可以考虑对逆变器输出的无功进行扰动，破坏光伏系统和负载之间的无功功率平衡，使频率持续变化，达到孤岛检测的目的。由于逆变器输出的无功电流可调节，而负载无功需求在一定的电压幅值和频率条件下是不变的，在实际应用中，可以将逆变器输出设定为对负载的部分无功补偿或波动补偿，避免系统在孤岛条件下的无功平衡，从而使得负载电压或者频率持续变化达到可检测阈值，最终确定孤岛的存在。

c. 阻抗测量法。阻抗测量方案是指在并网系统中，当电网连接时，电网可以看作一个很大的电压源，此时公共耦合点处的阻抗很低；而当电网断开时，在公共耦合点处测得的即为负载阻抗，通常都远大于电网连接时的阻抗。显然，可以通过测量公共耦合点处电路阻抗的变化来检测孤岛效应。

根据以上孤岛检测要求，在并网系统中需要实时在线监测电网的阻抗，已有较多学者对在线阻抗测量做过研究，一般可分为两类方案：①采用单独的阻抗测量装置，由于需要外加硬件设备，从而增加了孤岛检测的成本；②利用并网逆变器本身来在线测量其输出端电路的阻抗，可降低孤岛检测成本。然而，基于逆变器在线阻抗测量的孤岛检测要求寻求一种快速、准确、简单的在线阻抗检测算法，以满足孤岛检测的要求。另外，电网阻抗的计算对于配线、线路保护、并网系统的稳态及动态性能也比较重要。

一般而言，并网系统的孤岛检测阻抗测量技术以主动测量技术为主。主动测量技术是通过检测装置或并网逆变器给电网施加一个扰动，然后测量电网的电压和电流响应，并经过一系列的运算处理，即可测到电网的阻抗。阻抗测量法虽然可以很好防止孤岛的发生，但还存在以下缺点：①持续地输入扰动会影响电网质量（但如果扰动谐波的频率选为电网频率，可以减小对电网质量的影响）；②对于弱电网或者电网本身波动较大的情况，很难实现电网阻抗监测；③当多个并网逆变器并联运行时，其检测信号会相互干扰，从而使得阻抗估算错误。

3.3 并网接入风险评估与验收要求

光伏电源接入配电网会改变配电网的潮流分布，通过对光伏接入提出要求，保证了系统供电稳定性。本章首先给出了衡量光伏并网的各项要求及接入原则，并建立了光伏并网综合风险评估模型。

3.3.1 光伏电源并网接入风险评估

配电网是直接决定供电质量的重要环节，同时随着分布式发电技术的发展，光伏电源接入配电网呈由点及面的发展态势。在这样的背景下，光伏电源接入条件下的配电网多属性综合风险评估工作变得尤为重要。风险评估指标体系的建立是进行综合风险评估的基础，指标体系将由多个相互关联相互作用的评价指标按照一定层次结构组成。

1. 指标体系遵循的原则

光伏电源接入条件下的配电网与传统配电网相比，风险因素大大增多，应本着全面、严谨和科学的基本态度对潜在的风险因素逐一分析，构建能够全面反映光伏电源接入对配电网的影响的综合评价体系，并应遵循以下原则。

（1）全面精简原则。多属性综合风险评估指标体系应覆盖电网运行与经营管理两个方面，从多角度反映光伏电源接入条件下配电网显著与潜在的风险因子；同时，应在全部风险因子中撒去影响程度较小或过于随机不具备规律的风险因子，删繁就简，尽量用简洁的指标反映全面的信息。

（2）独立性原则。对于指标体系，要求各级内部各指标内涵清晰、相互独立、不存在因果关系。各级之间要求层次分明，逻辑清晰。

（3）可行性原则。指标体系的建立是为了后续进行综合风险评估工作，因而风险因子的选取与指标的确定应保证后续工作有可靠的数据来源，且这些数据应易于处理与分析；同时，这些数据对于光伏电源的接入应较为敏感，这样配电网多属性综合风险评估指标体系对于光伏电源的接入针对性更强。

2. 指标体系建立步骤

本节在定性、定量分析光伏电源接入配电网产生的综合影响的基础上，提炼光伏电源接入配电网在电网运行和经营管理两个方面带来的风险因素，建立光伏电源接入条件下配电网多属性综合风险评估指标体系，解决光伏电源影响评价的焦点问题。指标体系建立步骤如下。

第一步，根据单个光伏电源出力随机性和间歇性，以及光伏电源接入的集群特点，从配电网运行安全可靠性、电能质量、配电自动化系统、配电网经济性等方面对光伏电源接入配电网产生的综合影响进行定性分析。

第二步，提炼光伏电源接入配电网在电网运行和经营管理上带来的风险因素。

第三步，针对这些风险因素，建立光伏电源接入条件下配电网多属性综合风险评估评价指标体系。

3. 指标体系框架

光伏电源接入条件下配电网多属性综合风险评估指标体系框架如图 3-28 所示。

图 3-28　光伏电源接入条件下配电网多属性综合风险评估指标体系框架

该指标体系共分 4 级，其中 1 级指标包括电网运行风险和经营管理风险。2 级指标中，电网运行方面包括电网运行可靠性 RE、运行安全性 SA 以及运行经济性 EC 3 个方面；经营风险方面包括光伏电源接纳能力 DGA 与光伏电源景气指数 DGC 两个方面。

3.3.2　电网运行风险

通过建立全面涵盖光伏电源运行、人身设备安全、供电质量、经济性、光伏电源景气程度等方面的风险评估指标体系，可全方位多属性综合评价光伏电源接入后配电网的整体技术和经济水平。

1. 可靠性 RE

（1）系统可靠性 SRE。系统可靠性是指配电网按可接受的电能质量标准和所需电能量不间断地向电力用户提供电力和电量的能力的量度。从电网的实际运行情况获得负荷点平均故障率 λ（次/年）、负荷点年平均停电时间 U（h/年）以及负荷点故障平均停电时间 r（h/次）这 3 个数据，用于后续系统可靠性与用户可靠性指标的计算。

1）系统平均停电频率 $SAIFI$。计算公式为

$$SAIFI = \frac{系统持续性停电总次数}{用户总数} = \frac{\sum \lambda_i N_i}{\sum N_i} \tag{3-8}$$

2）系统平均供电可用度 $ASAI$。计算公式为

$$ASAI = \frac{用户用电小时数}{用户需电小时数} = \frac{8760 \times \sum N_i - \sum U_i N_i}{8760 \times \sum N_i} = \left(1 - \frac{SAIDI}{8760}\right) \times 100\% \tag{3-9}$$

$$SAIDI = \frac{系统停电停电持续时间总和}{用户总数} = \frac{\sum U_i N_i}{\sum N_i} \tag{3-10}$$

式中　$SAIDI$——系统平均停电持续时间。

$ASAI$ 指标由 $SAIDI$ 指标转换得到，考虑到指标构建原则中的全面精简原则，仅将更为常用的 $ASAI$ 作为 4 级指标纳入综合风险评估指标体系。

3）系统电量不足 $EENS$。ENS 的期望值为 $EENS$（kW·h/年），实际中我们常用期望值 $EENS$ 作为系统电量不足的表征量。ENS 的计算公式为

$$ENS = 系统电量不足 = \sum L_{ai} U_i \tag{3-11}$$

式中　L_{ai}——接入负荷点 i 的平均负荷；

　　U_i——负荷点 i 的年平均停电时间。

（2）用户可靠性 CRE。

1）用户平均停电持续时间 $CAIDI$（h/次）。计算公式为

$$CAIDI=\frac{用户持续停电时间总和}{用户停电总次数}=\frac{\sum U_i N_i}{\sum \lambda_i N_i} \tag{3-12}$$

式中　λ_i——负荷点 i 的平均故障率；

　　U_i——负荷点 i 的年平均停电时间；

　　N_i——负荷点 i 所连用户数。

2）用户平均停电频率 $CAIFI$（次/户·年）。计算公示为

$$CAIFI=\frac{系统持续性停电总次数}{受停电影响用户总数}=\frac{\sum \lambda_i N_i}{\sum M_i} \tag{3-13}$$

式中　λ_i——负荷点 i 的平均故障率；

　　N_i——负荷点 i 所连用户数；

　　M_i——负荷点 i 的受停电影响的用户数。

2. 安全性 SA

配电系统安全性是指当互连系统运行中发生故障时，保证对负荷持续供电的能力，即系统保证避免引起广泛波及性供电中断的能力，涉及系统当前状态和突发性偶然事故两个方面。本节将配网安全性分为电网安全、人身安全以及设备安全 3 部分。电网安全部分主要关注线路过负荷与母线过电压两种情况的风险；人身安全部分关注光伏电源接入条件下可能发生的非计划孤岛情形的影响，同时考虑传统配电网中的安全接触电压和安全跨步电压；设备安全方面，通过电能质量指标中的谐波指标和电压波动反映配电设备所处的风险水平。具体如下。

（1）电网安全 SSA。

1）线路电流越限指标 I_{over}。在配电网正常运行或任意故障发生时，为保证用户不受影响而采取的转供方案中，有可能出现传输功率过载对电网产生危害的情况，需要对线路负载情况进行监控。我们通过线路上的电流大小反映传输功率情况，将对线路负载情况的监控转换为线路电流指标的监控，有

$$I_{over}=\begin{cases}0, & I\leqslant 0.8 \\ I-0.8, & I>0.8\end{cases} \tag{3-14}$$

式中　I——线路实测电流标幺值。

2）母线电压越限指标 U_{over}。确保母线电压不越限是维持电网安全运行的基本要求，有

$$U_{over} = |1-U| \tag{3-15}$$

式中　U——母线实测电压标幺值。

（2）人身安全 BSA。

1）接触电压与跨步电压。传统配电网中触电事故对人身安全产生重大威胁。除直接与电网接触的单相触电、双相触电外，对接触电压触电、跨步电压触电事故需更为重视。接触电击由接触电压引起，是指故障电流流过接地装置时，大地表面形成电位梯度，在地面上离雷击设备水平距离为 0.8m 处，与设备外壳、架构或墙壁距离地面垂直距离为 1.8m 处两点间的电位差。人体接触两点时所承受的电压称为接触电压 U_T。跨步电击是由于人体承受跨步电压引起的。跨步电位差指接地短路电流或雷电流流经接地装置时，地面上水平距离为 0.8m 的两点间的电位差。人的两脚接触该两点时所承受的电压，称跨步电压 U_S。接触电压和跨步电压与人手的接触电阻、鞋的电阻、脚的接地电阻和人体电阻都有关，受到光伏电源接入这一前提的影响较小，根据指标构建体系的全面精简与可行性原则，在综合指标体系中不再考虑。

2）非计划孤岛存在概率 P_{is}。光伏电源接入条件下，当配网发生故障时，部分负荷与主电源通路断开后可能由光伏电源恢复供电，即光伏电源与其恢复供电的负荷共同形成非计划孤岛。非计划孤岛的存在可能给维修人员的人身安全带来威胁。而以往对孤岛运行模式"一刀切"的做法对于光伏电源大面积接入的情况意味着大量本可以规避的停电损失的增加以及可靠性的下降，因而引入"非计划孤岛存在概率"的概念，使潜在风险得以量化表征供维修人员作业时参考。非计划孤岛存在概率 P_{is} 的计算公式为

$$P_{is} = \frac{\text{非计划孤岛恢复供电次数}}{\text{故障总次数}} \tag{3-16}$$

（3）设备安全 FSA。在本评估方案中，拟对配电网尤其是光伏电源接入点的电能质量进行综合评估，通过电能质量指标，尤其关注谐波指标和电压波动，借光伏电源接入后的电能质量评估过程反映配电设备所处的风险水平，具体如下。

1）电压谐波总畸变率 THD。计算公式为

$$THD = \frac{\sqrt{\sum_{n=2}^{H} U_n^2}}{U_1} \tag{3-17}$$

式中 U_1——基波分量有效值；

U_n——n 次谐波分量有效值；

H——需要考虑的谐波分量最高阶次。

2）光伏电源接入点电压波动 d。计算公式为

$$d = \frac{U_{max} - U_{min}}{U_N} \times 100\%$$ (3-18)

式中 U_N——接入点的额定电压；

U_{max}、U_{min}——分别为接入点电压波动的最大值与最小值。

由于光伏电源出力具有间歇性和波形性的特点，可能容易使电网中某点的电压在短时间内产生一定的波动，因此本章节着重监控光伏电源接入点的电压波动值确定其接入对配电网设备安全的影响。$IEEE$ 中给出的典型电压波动范围为 $0.1\% \sim 7\%$。为了区分电压波动和电压偏差，规定电压波动有效值的变化速率不得低于每秒 0.2%。

3. 经济性 EC

配电网综合风险评估离不开对其运行经济性的讨论，这里从运行经济风险和事故后果两方面分析光伏电源接入后配电网正常运行与故障发生两种状态下的经济性。

（1）运行经济风险 OER。光伏电源的接入改变了系统原有的潮流分布，从而改变了系统的综合线损率。同时光伏电源接入后配电网内的设备元件更为复杂，监控这些设备的负载情况可以了解设备利用率，以便对运行方案及时进行调整。需要说明的是，评估配电网运行经济风险的指标很多，而本章节中仅讨论属于运行部分的综合线损率和设备利用率两个指标，其他成本收益相关指标留待经营管理部分讨论。

1）综合线损率 ΔP。计算公式为

$$\Delta P = \frac{W_s - W_c}{W_s} \times 100\%$$ (3-19)

式中 W_s——系统总供电量；

W_c——系统总售电量。

2）设备利用率 P_{use}。计算公式为

$$P_{use} = \frac{S}{S_N} \times 100\%$$ (3-20)

式中 S——设备实际所带负载；

S_N——设备极限负载能力。

（2）事故后果 AR。配电网发生故障会引起用户失电，停电损失用价格的形式直观

地反映事故后果，不同电力用户停电损失统计如表 3-3 所示，在介绍此部分 4 级指标前，首先引入各类用户停电损失函数 f_{SCDF} 和区域综合停电损失函数 f_{CCDF} 概念。

表 3-3   不同电力用户停电损失统计

停电持续时间 /min	工业用电 /[元/(kW·h)]	商业用电 /[元/(kW·h)]	农业用电 /[元/(kW·h)]	居民用电 /[元/(kW·h)]
1	3.326	0.933	0.195	0.003
20	9.630	7.331	1.121	0.318
60	21.618	21.336	2.061	1.757
240	64.340	78.966	7.425	16.159
480	131.268	202.585	15.429	49.005

1）用户停电损失。用户停电损失主要受到用户类型和停电持续时间等因素的影响。

a. 用户类型。对于不同性质的用户而言，由于生产生活方式的差异，在相同的停电时间下呈现的停电损失不尽相同，需要区别对待。

b. 停电持续时间。对于绝大部分负荷而言，停电损失都会随着停电持续时间的延长而增长，而对于不同类型的负荷，在停电初期、中期等阶段的损失增率不同，需要着重关注。

我们可以针对将要进行综合风险评估工作的配电网统计拟合各类用户停电损失函数 f_{SCDF}。在 f_{SCDF} 的基础上，可以根据配电系统中各类负荷占比形成针对特定范围（可能是负荷点、线路、台区或更大的用电范围）的综合用户失电损失函数 f_{CCDF}，即

$$f_{CCDF}(t) = \frac{\sum_{i=1}^{n} Load_i f_{SCDF_i}(t)}{\sum_{i=1}^{n} Load_i} \quad (3-21)$$

式中 $Load_i$——第 i 类用户负荷平均值；

           n——该区域用户类型数。

2）本评估方案中用来表征事故后果的两个指标。

a. 停电损失评价率 $IEAR$ [元/(kW·h)]。计算公式为

$$IEAR = \frac{停电损失 COST}{停供电量 EENS} = \frac{\sum_{j=1}^{m} f_{CCDF}(t_j) \times P_j}{\sum_{j=1}^{m} P_j \times t_j} \quad (3-22)$$

式中 t_j——第 j 次故障对应的故障持续时间；

           P_j——第 j 次故障对应的停电负荷，共发生 m 次故障。

b. 停电平均损失 $ICPE$（元/次）。计算公式为

$$ICPE = \frac{停电损失 \, COST}{停电次数 \, m} = \frac{\sum_{j=1}^{m} f_{CCDF}(t_j) \times P_j}{m} \qquad (3-23)$$

式中 t_j ——第 j 次故障对应的故障持续时间；

$\quad P_j$ ——第 j 次故障对应的停电负荷；

$\quad m$ ——共发生故障的次数。

至此，电网运行侧的 3 个 2 级指标、7 个 3 级指标和 14 个 4 级指标已介绍完毕。

3.3.3　经营管理风险

1. 光伏电源接纳能力 DGA

随着分布式发电技术的发展，配电网中光伏电源（*DG*）渗透率不断提高。而光伏电源出力存在波动性与随机性的特点，其接入改变了传统配电网的潮流分布，同时过高的渗透率可能会对电网的安全运行产生负面影响，因而配电网对光伏电源的接纳能力是光伏电源接入条件下的配电网综合风险评估工作的重要方面。以下将从光伏电源调节裕度和系统调节裕度两个角度评估配电网对光伏电源的接纳能力。

（1）*DG* 调节能力 *DA*。

1）可控 *DG* 占比 *CR*。计算公式为

$$CR = \frac{\sum_{j=1}^{m} P_j}{\sum_{i=1}^{n} P_i} \qquad (3-24)$$

式中 P_j ——第 j 个可控光伏电源（共 m 个）的额定出力；

$\quad P_i$ ——第 i 个光伏电源（共 n 个）的额定出力。

该指标反映了光伏电源出力的可控性，其值越大，则光伏电源调节能力越强，电网接纳光伏电源的能力越强。

2）*DG* 出力峰谷差系数 C_{DG}。计算公式为

$$C_{DG} = \frac{P_{HDG} - P_{LDG}}{S_{DG}} \qquad (3-25)$$

式中 P_{HDG} ——峰时段光伏电源的出力；

$\quad P_{LDG}$ ——负荷低谷时段光伏电源的出力；

$\quad S_{DG}$ ——光伏电源装机容量。

该指标反映了光伏电源出力波动性与系统负荷需求波动性之间的关联。其值越小，

则电网接纳光伏电源的能力越强。

（2）系统调节能力 SYA。

1）负荷调节能力 LRA。计算公式为

$$LRA = \frac{\sum P_{ri} t_{ri}}{P_{total} \times 24} \tag{3-26}$$

式中　P_{ri}——系统第 i 个可调节负荷的平均值；

　　　t_{ri}——24h 内第 i 个可调节负荷允许系统调节的时间；

　　　P_{total}——系统总负荷量的平均值。

负荷调节能力是系统互动能力的体现，该指标反映了可调节负荷参与系统优化调度的程度，对于系统调节裕度而言是不可忽略的一部分。

2）常规电源强迫出力系数 C_a。计算公式为

$$C_a = \frac{S_a}{S_{total}} t_r \tag{3-27}$$

式中　S_a——不能参加调峰的常规电源出力的平均值；

　　　S_{total}——系统常规电源总出力的平均值。

该指标反映了常规电源参与系统调峰的能力，而配网常规出力的最大可调深度则在很大程度上决定了系统接纳光伏电源的能力。当强迫出力系数增加时，配电网接纳光伏电源的能力随之下降。

3）短路容量比 k。计算公式为

$$k = \frac{S_{DG}}{S_k} \tag{3-28}$$

式中　S_{DG}——光伏电源装机容量；

　　　S_k——光伏电源接入点的短路容量。

该指标反映了光伏电源出力的注入对局部电网的影响，其值越小表面系统承受光伏电源出力扰动的影响越小。

2. DG 景气指数 DGC

光伏电源接入条件下的配电网综合风险评估工作需要回答的一个重要问题是对分布式发电发展是否存在过热、过冷、适度等情况。为及时了解分布式发电形势、为合理规划分布式发电布局提供决策依据，需对此部分内容进行态势分析。本章节引入光伏电源景气指数概念，回答以上问题对配电网经营风险的重大影响。以下将光伏电源景气指数这一合成系数分为技术指标、政策指标、市场指标以及经济指标五部分。需要说明的是，此部分的

一些4级指标不再给出具体的计算公式，采用描述性文字叙述其计算方法。

（1）技术指标 TI。

1）区域渗透率均值 RP。本指标指不同种类的光伏电源在特定的发展区域中，现有装机容量占地区电力总装机容量的比例。

2）设备技术成熟度 TM。本指标指单项技术或技术系统在研发过程所达到的一般性可用程度，主要是通过技术成熟度评估的方法来量化分析关键技术状态，用于辅助项目立项决策及建设过程中的里程控制。技术成熟度分别与相应的技术风险相对应，即技术成熟度等级越高，技术风险越低；技术成熟度等级越低，技术风险越高。对于光伏电源而言，设备技术成熟度可以更为具体的细化为一次能源与电能之间的转化效率。

（2）政策指标 PI。对分布式发电采取补贴措施有利于其发展，补贴拨付速度和补贴水平在其中起到了关键作用。同时，项目审批速度对项目开展节奏具有关键性作用，因而此部分设置3个4级指标，分别是补贴拨付速度 SV、补贴水平 AS 和项目审批速度 OV。其具体含义较为明确，不再赘述。

（3）市场指标 MI。此部分中引入"同比指标"概念，同比指标指今年第 n 月的数据与去年第 n 月数据的相比值，同比指标消除了季节变动的影响，能够说明今年与去年相比的发展水平，可以呈现光伏电源行业当前的发展态势。同比发展速度和同比增长速度的计算公式为

$$同比发展速度 = \frac{本期发展水平}{去年同期水平} \times 100\% \tag{3-29}$$

$$同比增长速度 = \frac{本期发展水平 - 去年同期水平}{去年同期水平} \times 100\% \tag{3-30}$$

1）装机容量同比指标 ICI。计算公式为

$$装机容量同比指标 = \frac{本期装机容量}{去年同期装机容量} \times 100\% \tag{3-31}$$

2）申报数量同比指标 DNI。计算公式为

$$申报数量同比指标 = \frac{本期申报量}{去年同期申报量} \times 100\% \tag{3-32}$$

3）发电量同比指标 GAI。计算公式为

$$发电量同比指标 = \frac{本期发电量}{去年同期发电量} \times 100\% \tag{3-33}$$

需要说明的是，与装机容量同比指标相比，发电量同比指标反映了光伏电源投运并网的情况。

4）售电量同比指标 SAI。计算公式为

$$售电量同比指标 = \frac{本期售电量}{去年同期售电量} \times 100\% \qquad (3-34)$$

需要说明的是，区别于发电量同比指标，此处的光伏电源是指位于用户建筑附近的单个装机容量不超过 6MW 的以自发自用为主的发电设施，包括太阳能、风电、生物质、地热等所有清洁能源。光伏电源的发电量，用户可以自行选择全部自用、全部上网或自发自用后的余电上网。

（4）经济指标 EI。

1）设备成本效益指数 FE。设备成本效益是指通过对成本和效益进行分析，比较设备的全部成本和效益，评估设备价值，以寻求如何以最小的成本获取最大的收益。光伏电源的发展需要大量的设备支持，设备成本包括固定成本和可变成本。其中固定成本包括购置成本的折旧费用、人员劳务支出、设备维护费用等。可采取直线法提取折旧；可变成本为配套设备的消耗性支出等。开展光伏电源项目，设备会占去一大部分投资。同时，受制于国内技术的限制设备通常是进口，这使折旧成本和维修成本都很高，这两个成本对成本效益的影响最大。相关计算公式为

$$年折旧费 = \frac{设备总值}{折旧年限} \qquad (3-35)$$

$$设备成本效益率 = \frac{收入 - 支出}{成本} \times 100\% \qquad (3-36)$$

设备成本效益越高，越有利于光伏电源项目的进展。

2）项目成本同比指数 OCI。项目进行后，通常会对其进行成本数据分析，采取科学体系的分类，以标准统一的分析格式进行分析，从而简化成本的审核和同比。计算公式为

$$项目成本同比 = \frac{项目当期成本 - 去年同期成本}{去年同期成本} \times 100\% \qquad (3-37)$$

项目成本同比指数越低，越有利于光伏电源项目的开展。

3）项目收益同比指数 OBI。光伏电源项目的投资收益指投资所获取的利润减去投资损失后的净收益。计算公式为

$$项目收益同比 = \frac{当年的收益值 - 去年同期的值}{年同期的值} \times 100\% \qquad (3-38)$$

项目收益同比指数前期通常增长缓慢，甚至为负值；后期增长迅速，为正值，变化情况反映了项目实施的发展情况。

4）平均投资回收期 PBP。投资回收期是指投资所带来的现金净流量累积到与原始

投资额相等所需要的年限，即收回原始投资所需要的年限，在一定程度上显示了资本的周转速度。显然，资本周转速度越快，回收期越短，风险越小，盈利越多。不足的是，投资回收期没有全面地考虑投资方案整个计算期内的现金流量。如果投资项目每年的现金净流量相等，则投资回收期＝原始投资额/年净现金流量；如果投资项目每年的现金净流量不相等，设投资回收期大于等于 n 且小于 $n+1$，则

$$投资回收期＝n＋\frac{至第\ n\ 期尚未回收的额度}{第(n+1)期的现金净流量} \tag{3-39}$$

通常公司会先确定一个标准年限或者最低年限，然后将项目的回收期与标准年限进行比较。如果回收期小于标准年限，则项目可行，如大于标准年限，则不可行。以分布式光伏发电项目为例，其建设期较短，为 1 年左右，项目运营时间较长约为 20 年，运营期内成本费用以及利润、现金流波动较大。由于分布式光伏发电产业在我国的发展正处于初级朝阳阶段，行业基准投资回收期设定为 15 年。当项目计算的投资回收期小于 15 年时项目盈利能力有效支持投资。

至此，经济管理运行的 2 个 2 级指标、6 个 3 级指标和 18 个 4 级指标已介绍完毕。

3.3.4　光伏并网综合风险评估模型

1. 基于严重度效用函数的指标模糊化

（1）严重度效用函数。早期风险评估研究中往往根据期望损失大小来度量风险大小，这种方法不能够很好地比较高损失、低概率与低损失、高概率风险间的差异，而实际上前者的风险更大，这体现了人们对高损失事故的回避。现有的风险理论认为，风险应该包含事件发生概率风险以及事件后果严重度两方面，其中事故后果严重程度函数应能反映不同问题间的相对严重程度和元件越限的程度。参考相关文献，本节将效用函数用于配电网多属性综合风险评估领域，反映用户或电网管理人员对系统所处风险的满意程度，即建立严重度效用函数。

效用理论最初是一个经济学概念，本意是一种主观感受，反映主观意愿的满意程度。效用函数是效用程度的分析工具，在经济学领域尤其是投资风险方面有着广泛应用。近年，它被引入了工科评估领域，取得了较好反响，本章节所用的严重度效用函数如下。

设 w 为故障损失，定义 $S(w)$ 为严重度效用函数。认为 $S(w)$ 在区间 U 上连续，有一阶、二阶导数。则 $S(w)$ 应满足

$$S'(w)>0, \quad S''(w)>0 \tag{3-40}$$

其中，一阶导数大于 0 表示损失增加，不满意程度增加；二阶导数大于 0 表示不满意程度随故障损失 w 的增加，其增加速度加快。

效用函数的构造方法主要有标准测定法和基于效用一致性原理的简化法。根据以上所述故障效用函数的性质，选择指数型效用函数，即

$$S(w) = \frac{1}{c} \left[e^{a(w+b)} - d \right]$$ (3-41)

其中，a、b、c、d 均为正数。

（2）指标模糊化。由于不同指标的量纲、数量级、评价标准等不同，不可能直接利用初始属性指标进行比较。因此必须要将各指标模糊化，消除各指标之间的不可公度量性，化为统一无量纲的指标，然后进行综合比较。

在进行模糊化之前，首先需要对上述 32 个 4 级指标进行分类，总体来说可以分为成本型指标和效益型指标两类。成本型指标是指属性指标值越小越好的指标，效益型指标是指属性指标值越大越好的指标。

将指标分类后，可以通过上文所述严重度效用函数进行指标模糊化。需要说明的是，在上文表述 w 为故障损失，实际上也可广义地认为所有指标均可用严重度效用函数模糊化，我们只需为每个指标设置相应的可接受门槛值 P_{accept}，低于（效益型指标是高于）该门槛值认为此项指标对应的系统状态为安全，超过（效益型指标是低于）该门槛值则认为发生故障。针对这两类指标的模糊化预处理分别如式（3-42）和式（3-43）所示，基于严重度效用函数的模糊化公式如式（3-44）所示。

成本型指标 P 为

$$P = \begin{cases} 0, & 0 \leqslant P < P_{accept} \\ \dfrac{P - P_{accept}}{P_{accept}}, & P \geqslant P_{accept} \end{cases}$$ (3-42)

效益型指标 P 为

$$P = \begin{cases} 0, & P_{accept} \leqslant P \leqslant 1 \\ \dfrac{P_{accept} - P}{P_{accept}}, & 0 \leqslant P < P_{accept} \end{cases}$$ (3-43)

严重度指数型效用函数为

$$S(P) = e^{P} - 1$$ (3-44)

经过上述工作，指标全部转化为各自对应的效用值。如图 3-29 所示，在可接受界限以内时，严重度为 0，超过可接受界限以后，严重度将根据超标百分比呈指数型增长，这也符合工程实际中风险越高，故障造成后果越严重的实际情况。为了方便表述，下文凡

是提到图 3-28 中的指标名称，均指其对应的效用值。

2. 基于灰色理论的综合风险评估模型

（1）灰色理论。灰色系统理论是 20 世纪 80 年代初由我国邓聚龙教授创立的一门新型理论。所谓灰色系统是指介于黑白之间，部分信息已知、部分信息未知的一类系统，灰色理论主张从系统内部挖

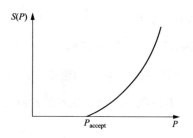

图 3-29　风险指标对应的效用值示意

掘已知信息，并正确估价和充分利用它，即从系统内部特性来研究系统的发展变化规律。灰色理论提出的关联度分析法，是根据事物的发展趋势作定量分析，对样本量的多少没有过分要求，也不需要典型的分布规律，因而具有广泛的适用性。采用这一方法不仅简洁、方便、计算量小，在多变量的情况下也易于计算，且不会出现关联度的量化结果与定性分析不一致的情况，从而为系数的定量分析提供一条切实可行的途径。

灰色系统理论中的灰色关联分析（Gray Relation Analysis，GRA）是一种通过计算对象间的关联系数和关联度，从整体上和动态上定量分析对象间的关联程度和影响程度，以对系统作统观全局的、全貌的分析。它的操作对象是因素的时间序列，可通过关联度对各比较序列做出量化分析。灰色关联分析中比较序列一般是由被评事物的各项特征值构成的序列，参考序列则应该是一个理想的比较标准，由距离评价方法可知，可选最优样本序列作为参考序列，与其关联度越大则越好。该方法以数据结构为依据，方法简单，计算量小，满足配电网综合评估客观且实用的要求。GRA 的评估步骤为：①分析数据特征获取比较序列和标准序列；②获取序列间的差异信息并建立差值举证；③计算灰关联度。

（2）GRA 评估流程。

1）标准矩阵的构建。以最理想的综合风险评估指标参数为其理想样本，具体来说，最理想的值即为上节在进行指标模糊化处理时的可接受门槛值。如果风险评估结果以集合（优质，良好，合格，较差，很差）来描述，可根据相关国家标准限制各等级的标准样本。

2）数据矩阵的建立。设有 n 个指标值 x_1，$x_2\cdots x_n$，对 $m-5$ 个样本进行评估，无量纲化后形成数据矩阵 X，即

$$X=\begin{bmatrix} x_{11} & x_{12} & \cdots & x_{1n} \\ x_{21} & x_{22} & \cdots & x_{2n} \\ \vdots & \vdots & \cdots & \vdots \\ x_{m1} & x_{m2} & \cdots & x_{mn} \end{bmatrix}_{m\times n} \tag{3-45}$$

其中，$X_i = (x_{i1}, x_{i2}, \cdots, x_{in})$，$i=1$ 表示理想样本；$i=2, \cdots, 5$ 表示标准矩阵（进行风险评估等级评定），$i-6, 7, \cdots, m$ 为第 i 个待评估数据样本。

3）绝对差矩阵的建立。计算式（3-45）中第一行（参考序列）与其余各行（比较序列）对应项的差值形成差值矩阵 Δ，即

$$\Delta = \begin{bmatrix} \Delta_{11} & \Delta_{12} & \cdots & \Delta_{1n} \\ \Delta_{21} & \Delta_{22} & \cdots & \Delta_{2n} \\ \vdots & \vdots & \cdots & \vdots \\ \Delta_{(m-1),1} & \Delta_{(m-1),2} & \cdots & \Delta_{(m-1),n} \end{bmatrix}_{(m-1)\times n} \tag{3-46}$$

其中，$\Delta_{(i-1),j} = |a_{ij} - a_{1j}|$，$i=2, 3 \cdots m$，$j=1, 2 \cdots n$。

4）与理想样本的关联度。对式（3-46）的差值矩阵进行变换，有

$$\xi_i(j) = \frac{\min\limits_{\substack{1\leqslant i\leqslant(m-1)\\1\leqslant j\leqslant n}}\Delta_{i,j} + \rho \max\limits_{\substack{1\leqslant i\leqslant(m-1)\\1\leqslant j\leqslant n}}\Delta_{i,j}}{\Delta_{i,j} + \rho \max\limits_{\substack{1\leqslant i\leqslant(m-1)\\1\leqslant j\leqslant n}}\Delta_{i,j}} \tag{3-47}$$

由此得到关联系数矩阵 $[\xi_i(j)]_{(m-1)\times n}$，$i=1, 2 \cdots m-1$，$j=1, 2 \cdots n$；$\rho$ 为分辨系数，一般在（0，1）内取值，本节取 $\rho=0.5$。

式（3-47）中，$\xi_i(j)$ 表示第 i 个待评估的样本的第 j 个指标与标准（理想）样本的第 j 个指标的关联程度，其值越大表明被评估样本越接近标准样本。当选择 n 个指标对样本数据评估时，每个样本数据可求出 j 个关联系数。根据 j 个关联系数 $\xi_i(j)$ 以及每个指标的组合权重 ω_j，即可计算出待评估样本与标准样本的关联度 r_i，即

$$r_i = \sum_{j=1}^{n} \omega_j \xi_i(j) \tag{3-48}$$

式中，$i=1, 2, \cdots, m-1$；$\omega_j (j=1, 2, \cdots, p)$ 为第 j 个指标的组合权重；r_i 即反映待评样本与理想样本的关联度，其大小反映它们之间的接近程度，越小表示与理想样本越远，则表明越严重，即实现了综合量化评估。此外，通过 $r_i (i=5, 6, \cdots, m-1)$ 与 r_1、r_2、r_3、r_4 的大小比较以确定样本的综合风险等级。

第 4 章　分布式光伏系统并网高级量测体系

随着新兴应用的推广以及各类新式设备的接入，各专业对采集数据的需求不断增大，通过运用大数据存储、批流计算、微应用微服务等新兴技术，构建混合式存储与计算平台，用电信息采集系统逐步成为一个集成了先进传感量测、信息通信、分析决策、自动控制以及云计算等尖端技术的系统，该系统属于物联网范畴，是实现物联设备计量、感知、控制的系统，可以支撑电力营销、调度、配网、运检、安监、稽查等业务应用。分布式光伏系统并网高级量测体系，是在用电信息采集系统的基础上，实现分布式光伏系统的可观、可测、可控、能力。

4.1　分布式光伏系统并网高级量测体系建设

坚持"业务驱动、技术引领、经济高效"的基本原则，充分利用现有计量采集资源，统一计量采集设备配置标准和监控方案，构建低压分布式光伏并网高级量测体系。

4.1.1　体系架构

光伏并网高级量测体系包括系统主站、通信信道以及现场支撑设备。体系整体架构如图 4-1 所示。

系统主站主要由系统服务器（涵盖数据库服务器、磁盘阵列、应用服务器）、前置采集服务器（涵盖前置服务器、工作站、GPS 时钟、防火墙设备）以及相关的网络设备组成，由此实现采集系统与调控系统间的数据交互，完成现场分布式光伏的数据采集监测与分析、远程调控、安全监测等功能应用。

通信信道按照覆盖范围可划分为远程通信信道与本地通信信道。远程通信信道特指系统主站与采集终端间的通信连接，涵盖光纤信道、GPRS/CDMA/4G 无线公网信道以及 230MHz 无线电力专用信道等多种类型。而本地通信信道则专指采集终端与采集对象之间的通信链路。

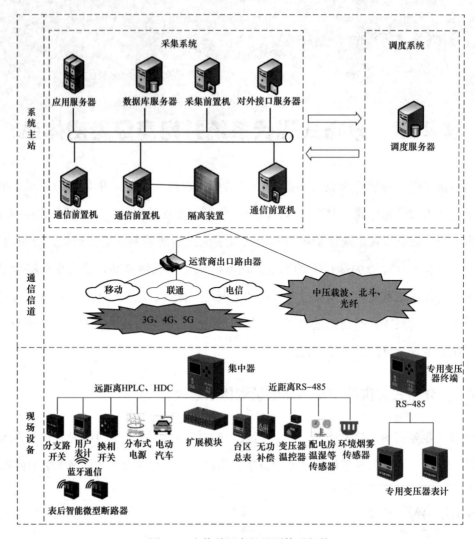

图 4-1　光伏并网高级量测体系架构

采集终端主要构成部分包括集中器以及专用变压器（简称"专变"）终端等，该设备被安装在台区变压器的侧部。采集台区下各类设备电气量和非电气量信息数据、执行采集主站下达的控制指令等，并将结果上报至系统主站的设备。

采集对象主要包括电能表、智能量测开关、防/反孤岛保护装置、光伏逆变器、光伏采集监控单元等本地采集设备，实时感知客户侧信息。

4.1.2　采集主站

根据公司信息化统一规划，积极采用"大云物移智"等前沿互联网技术，构建出新一代用电信息采集系统。按照统一标准、统一数模、统一设计，构建面向采集核心业务的通用资源与服务集合。

如图 4-2 所示，该系统以开源云平台为基础，采用分布式架构设计，划分为云平台、通信管理层、数据存储层、计算分析层及业务应用层。实现了高并发通信，分布式并行计算，海量数据混合存储，业务需求快速响应；实现了客户用能信息的高效采集与安全控制，综合能源等新兴物联数据的广泛接入；实现了跨专业跨领域业务融通和数据共享。

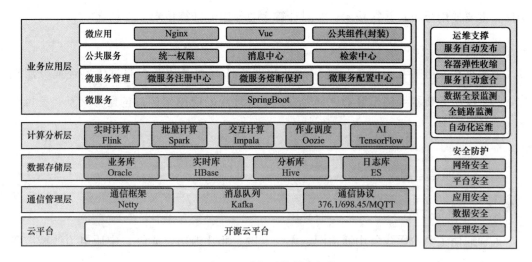

图 4-2　采集系统技术架构

1. 通信管理层

采集系统主站通信管理层，主要包括通信前置、采集前置、桥接前置、入库前置、调度前置等设施。

（1）通信前置。实现终端接入、维持终端连接、终端在线状态、终端报文收发等通信交互功能。

（2）采集前置。实现规约解析、请求/响应对应、任务执行优先级、终端加密流程等功能。

（3）桥接前置。主要为实现采集主站与前置机服务的交互接口。

（4）入库前置。实现报文、量测数据、状态数据等数据的批量入库功能。

（5）调度前置。实现采集前置机服务集群节点注册、节点状态、集群管理等功能。

2. 数据存储层

数据存储层基于分布式数据库（HBase）、离线数据仓库（Hive）和关系型数据库（Oracle）等数据存储架构，充分满足用电信息采集数据存储多样性及统一数据访问的要求，同时满足海量数据高并发存取、复杂关联关系查询、数据计算分析、数据管理等多维度应用需求。通过数据生命周期管理和灵活的存储策略实现数据存储分离，提高系统数据应用效率。

3. 计算分析层

主要实现核心业务驱动的数据处理与分析，具备批量计算与实时计算的功能，能够实现对海量数据的实时分析与批量高效处理，满足不同业务场景对计算频率的需求。批量计算主要使用分布式并行技术，实时计算主要使用流计算技术。

4. 业务应用层

主要承担人机交互、业务功能应用及数据统计查询等功能。通过借鉴经典分层结构，基于微服务技术架构，容器化部署方式，合理规划应用架构，构建易交互、易维护的前端应用体系。

4.1.3 通信信道

1. 远程通信信道

远程通信主要由无线公用通信网、无线专网、北斗通信、光纤、中压电力线载波等方式构成。各种远程通信方式比较见表 4-1。

表 4-1　　　　　　　　　　远程通信方式比较

通信方式	2G/3G/4G/5G 公网	光纤专网	北斗通信	中压电力线载波	电力专网 230MHz
建设成本	无线信道不需要建设成本，终端成本不高，总体建设成本较低	虽然网络设备成本不高，但存在光纤铺设的成本，总体成本较高	终端成本高，但北斗信号覆盖面广	没有信道建设成本，系统建设也不存在昂贵的基站建设问题。总体成本很低	需要自行建设基站，成本高
运行维护	维护工作量小，但是有较高的运行费用	维护工作量较大，运行费用较高	有一定运维费用	维护工作量较小，运维费用较低	维护工作量较大运行费用较高
通信实时性	较高	高	低	低	低
传输速率	高，4G：5～10Mbit/s	高	低	较低	较低，几十 kbit/s
影响因素	信号覆盖率高，受运营商制约	受制于配网光纤敷设的覆盖面	信号覆盖率高，无影响	容易受到配电网运行的影响	信号覆盖率较高，受地形影响非常严重，信道容量较小
使用建议	适用于低压公用变压器台区和低压专用变压器台区，且无线公网信号覆盖的地区	对已经铺设了配网自动化的地方可采用该通信方式	在偏远山区没有无线信号的地区，可以采用	仅作为系统补充	适用于对通信安全要求较高的专用变压器台区

（1）无线公用通信网，亦被称为无线公网，是由各大通信运营商负责建设、运营及维护的无线通信网络。其主要宗旨在于为广大公众用户提供高质量的移动话音和数据通信服务。目前，无线公网已涵盖多种技术标准，包括 GPRS、CDMA、3G、4G 及 5G 等。

（2）无线专网。利用国家分配给电力行业使用的 230MHz 频段，采用 TD-LTE 技术，通过载波聚合和频谱感知等手段，研发的 230MHz 离散多载波电力无线通信系统。

（3）北斗卫星系统。中国自主研发的卫星导航系统，具备国内全境信号全覆盖和全天稳定工作的特点。该系统还具备双向短报文传输功能，能够与电网通信相结合，为电力系统提供有效可靠的通信通道，实现运行状态感知和监测。

（4）光纤专网。依据电力用户用电信息采集系统建设总体规划而建设的以光纤为信道介质的一种电力公司内部通信网络。

（5）中压电力线载波。该技术通过将经过调制的高频载波信号耦合到中高压电力线网络中，实现信号的传输和远程通信。可采用多种调制方式，如 FSK、PSK、OFDM 等。

2. 本地通信方式

本地通信主要包括低压高速电力线载波通信（HPLC）、低压高速双模通信（HDC）、RS-485 通信、微功率无线通信等方式。本地通信方式比较见表 4-2。

（1）低压高速电力线载波通信（HPLC）。电力线载波通信（PLC）是利用电力线作为通信介质进行数据传输的一种通信技术，电力线通信按工作频带可分为窄带低速电力线通信、窄带高速电力线通信和宽带高速电力线通信（HPLC）。

（2）低压高速双模通信（HDC）。指的是 HPLC＋HRF 高速双模通信，HRF 采用与 HPLC 速率匹配的 OFDM 调制方式，通信方式采用载波无线双信道的通信方式，整个网络采用一张网的形式，无线载波可互相中继，使网络系统通信性能最优。HRF 与 HPLC 信道具备同时接收同时发送功能，充分保障双模通信功能发挥。

（3）RS-485 通信。RS-485 总线是国际通用的半双工通信标准，具有远距离、多节点和低成本的特点，广泛应用于工业数据传输。本地通信采用 RS-485 总线方案简单有效，需布线连接采集设备与电能表。但 RS-485 在低压集中抄表时施工量大、维护不便。M-Bus 是欧洲总线标准，专为远程抄表设计，采用半双工、异步串行通信，速率 300～9600bit/s，传输距离可达 1000m，无需布设电源线，结构简单、造价低廉、可靠性高，

分布式光伏系统并网监测控制技术

适用于建筑物和工业数据采集。

（4）微功率无线通信。通过高频电磁波传输数据的方法，采用频率调制方式，每个电能表或采集器都配备了短距离无线通信模块，通过无线通信技术与集中器传输数据。这种通信方式无需布线，安装成本低，不受电网质量影响。但传输距离受障碍物和其他无线设备影响，数据收发是开放的，需要实现安全传输。适用于电能表分散、无障碍的场合，可作为电网质量不佳时的补充。

表 4-2　　　　　　　　　　　　　　本地通信方式比较

通信方式	HPLC	HPLC＋HRF	RS-485	微功率无线	M-Bus
施工方式	无需布线	无需布线	需要从采集终端敷设缆线到电能表，难度大，成本高	无须布线，需要选择安装位置，调试复杂	需要布线
可靠性	较高	较高	高	较差	高
维护管理	方便	方便	线易损坏，故障难查；换表工作量大	维护量较大	方便
通信速率	100kbit/s～16Mbit/s	100kbit/s～16Mbit/s	最高为 10Mbit/s	最高 256kbit/s	低，一般300～9600bit/s
传输距离	存在高频信号衰减较快的问题，在长距离通信中需要中继组网解决	存在高频信号衰减较快的问题，在长距离通信中需要中继组网解决	最远 1200m，可加中继提高传输距离	紫蜂（ZigBee）可视通信距离70m，信号易受障碍物阻挡，可自动中继组网	理论最大1000m
技术成熟度	新技术，全面覆盖应用	新技术，正在推广	成熟、简单；大量应用	紫蜂（ZigBee）技术为新技术，在集抄中仅试点应用；可能是今后的热点	成熟
影响因素	高频信号衰减较快，在长距离通信中需要中继组网	高频信号衰减较快，在长距离通信中需要中继组网	缆线易受损，易遭受破坏	受电磁干扰、地形和天气影响大，易受遮挡影响	受周围环境干扰、距离影响
使用建议	各类台区均可使用	各类台区均可使用	城市新建公寓小区	已建城市公寓小区，也可与RS-485或低压载波组合使用	主要用于水、热、气表等领域

4.1.4 现场设备

1. 采集终端

用电信息采集终端是低压分布式光伏系统并网高级量测体系中数据采集和传输的枢纽，功能包括数据采集、数据收集、数据存储和数据交换等。采集终端主要包括专用变压器采集终端、集中器、能源控制器等，具体分类和应用场景见表4-3。

表4-3 采集终端的分类和应用场景

大类	小类		适用场景
采集终端	专用变压器采集终端	专用变压器终端	适用于100kVA及以上大型专用变压器用户，与采集主站之间的通信方式主要是230MHz、1.8GHz专网或无线公网
		能源控制器（专用变压器ECU）	适用于各类专用变压器用户，可搭配不同模组用于不同场景
	台区采集终端	集中器	适用于配置窄带载波、HPLC或双模等本地通信模块的智能电能表所在低压台区，通过无线公网将信息上送主站

2. 采集对象

依据电能表、智能断路器等采集对象相关技术规范，结合实际业务需求，在采集系统主站配置相应采集方案实现光伏用户数据的在线监测与分析。电能表、和智能量测开关的采集数据项及采集频度要求见表4-4和表4-5。

表4-4 电能表采集数据项及采集频度要求

采集对象	数据分类	数据项	2013版电能表	2020版电能表	智能物联网表	采集频度基本要求	高频采集要求
单相电能表	数据类	正向有功电能总电能	√	√	√	15min	15min
		反向有功电能总电能	√	√	√	15min	15min
		电压	√	√	√	15min	1min
		电流	√	√	√	15min	1min
		有功功率	√	√	√	15min	1min
		无功功率	√	√	√	15min	1min
		电网频率			√	15min	15min
		功率因数	√	√	√	15min	15min
		电压波形失真度			√	15min	15min
		电流波形失真度			√	15min	15min
	事件类	过电流事件	√	√	√	跟随上报	跟随上报
		功率因数越限事件	√	√	√	跟随上报	跟随上报
		过电压事件	√	√	√	主动上报	主动上报
		电流谐波总畸变率越限事件			√	主动上报	主动上报
		电压谐波总畸变率越限事件			√	主动上报	主动上报
		电压闪变（仅并网点）			√	主动上报	主动上报

续表

采集对象	数据分类	数据项	2013 版电能表	2020 版电能表	智能物联网表	采集频度基本要求	高频采集要求
三相电能表	数据类	正向有功总电能	√	√	√	15min	15min
		反向有功总电能	√	√	√	15min	15min
		四象限无功总电能	√	√	√	15min	15min
		A 相电压	√	√	√	15min	1min
		B 相电压	√	√	√	15min	1min
		C 相电压	√	√	√	15min	1min
		A 相电流	√	√	√	15min	1min
		B 相电流	√	√	√	15min	1min
		C 相电流	√	√	√	15min	1min
		总有功功率	√	√	√	15min	1min
		A 相有功功率	√	√	√	15min	1min
		B 相有功功率	√	√	√	15min	1min
		C 相有功功率	√	√	√	15min	1min
		总无功功率	√	√	√	15min	1min
		A 相无功功率	√	√	√	15min	1min
		B 相无功功率	√	√	√	15min	1min
		C 相无功功率	√	√	√	15min	1min
		电网频率			√	15min	15min
		总功率因数	√	√	√	15min	15min
		A 相功率因数	√	√	√	15min	15min
		B 相功率因数	√	√	√	15min	15min
		C 相功率因数	√	√	√	15min	15min
		组合有功总电能	√	√	√	15min	15min
		组合无功总电能			√	15min	15min
		正向有功最大需量	√	√	√	15min	15min
		反向有功最大需量	√	√	√	15min	15min
		A 相电压波形失真度			√	15min	15min
		B 相电压波形失真度			√	15min	15min
		C 相电压波形失真度			√	15min	15min
		A 相电流波形失真度			√	15min	15min
		B 相电流波形失真度			√	15min	15min
		C 相电流波形失真度			√	15min	15min
		三相电压不平衡度			√	15min	15min
		三相电流不平衡度			√	15min	15min
	事件类	过电流事件	√	√	√	跟随上报	跟随上报
		失压事件	√	√	√	跟随上报	跟随上报
		失流事件	√	√	√	跟随上报	跟随上报
		电压逆相序事件	√	√	√	跟随上报	跟随上报
		欠压事件	√	√	√	跟随上报	跟随上报
		过电压事件	√	√	√	主动上报	主动上报
		断相事件	√	√	√	跟随上报	跟随上报
		功率因数越限事件			√	跟随上报	跟随上报
		电流谐波总畸变率越限事件			√	主动上报	主动上报
		电压谐波总畸变率越限事件			√	主动上报	主动上报
		电压不平衡越限事件			√	主动上报	主动上报
		电流不平衡越限事件			√	跟随上报	跟随上报
		电压闪变（仅并网点）			√	主动上报	主动上报

表 4-5 智能量测开关采集数据项及采集频度要求

采集对象	数据分类	数据项	采集频度基本要求	高频采集要求
智能量测开关	事件类	断路器变位事件	主动上报	主动上报
		过电压事件	主动上报	主动上报

由于分布式光伏发电时段特征明显，对高频采集要求的数据可按时段（如 7:00～19:00）进行配置，其他时段按基本采集要求频度执行。15min 曲线数据可通过采集终端每日采集电能表前一天 15min 冻结曲线方式获取。

4.2 分布式光伏系统并网高级量测体系设备要求

4.2.1 用电信息采集终端

采集终端，作为对各信息采集点进行电能信息采集的设备，其核心功能在于实现电能表数据的采集、数据管理、数据的双向传输与转发，以及执行控制命令。该终端的构成通常包括主控单元、显示操作单元、通信单元、输入输出单元、交流采样单元以及电源等关键部分。尽管不同型号的采集终端在电路设计方面可能存在显著的差异，但其基本的组成元素和工作原理均保持一致。图 4-3 清晰地展示了用电信息采集终端内部各单元之间的原理关系。

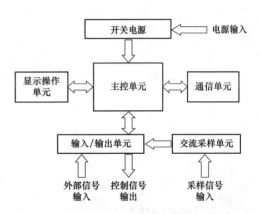

图 4-3 用电信息采集终端各单元间的原理和关系

其中，主控单元综合协调处理各模块数据；显示单元作为信息输出节点，也是人机交互界面；输入/输出单元完成输入信号的调理及隔离、输出信号的驱动及隔离；通信单元是作为数据通信的单元；交流采样单元通过电流或电压互感器采集实时电网交流信号，提供感知数据源；电源系统进行交直流转化，保证对各模块的供电。

采集终端的分类维度较多，大多数情况下是根据采集终端的应用场景来进行划分，可分为采集专用变压器用户用电信息的专用变压器采集终端和能源控制器（专用变压器 ECU），以及采集低压台区低压用户用电信息的集中抄表终端（集中器），见表 4-6。

表 4-6 用电信息采集终端的分类和应用场景

大类	小类		适用场景
采集终端	专用变压器采集终端	专用变压器终端	适用于 100kVA 及以上大型专用变压器用户，与采集主站之间的通信方式主要是 230MHz、1.8GHz 专网或无线公网
		能源控制器（专用变压器 ECU）	适用于各类专用变压器用户，可搭配不同模组用于不同场景
	台区采集终端	集中器	适用于配置窄带载波、HPLC 或双模等本地通信模块的智能电能表所在低压台区，通过无线公网将信息上送主站

1. 专用变压器终端

专用变压器终端中涉及的型式要求均在《用电信息采集系统型式规范 第 1 部分：专变采集终端》（Q/GDW 10375.1—2013）中有明确规定，标准规定了专用变压器采集终端的规格要求、显示要求、外形及安装尺寸、端子接线、材料、工艺等。专用变压器采集终端对外的连接线经过接线端子，接线端子及其绝缘部件组成端子排，强弱端子间具备有效的绝缘隔离。专用变压器采集终端型式如图 4-4 所示。

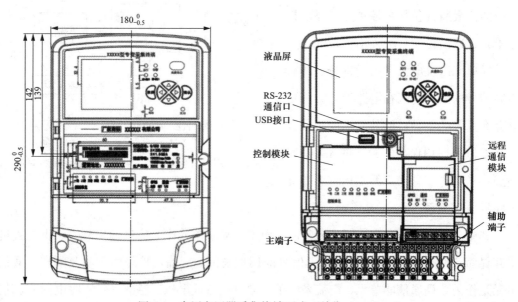

图 4-4 专用变压器采集终端型式（单位：mm）

（1）数据采集。专用变压器采集终端的数据采集能力包含对于电能表、状态量、脉冲量、交流模拟量等数据的采集，可以定时或定点对专用变压器终端下的电能表数据进行采集存储；可以定时采集位置状态、控制输出回路开关接入状态和其他状态信息，感知设备当前运行位置状态；可以采集电能表的输出脉冲数据，并据此计算存储电能表的功率数据；可以采集交流模拟量数据，支持对电压电流等模拟量的采集，测量电压、电流、功率、功率因数等。

（2）对时、控制。专用变压器采集终端能响应主站时钟召测和对时命令，主动发起对时请求。对时误差在 5s 内，日计时误差不超过 0.5s/d。该终端支持多种控制方式，包括功率定值控制、电能量控制、远方控制、保电和剔除功能。根据主站命令和实时监测参数，按设定轮次判断并执行跳闸操作。接收到跳闸命令后，终端会根据预设告警延迟、限电时间和控制轮次操作继电器，控制负荷开关。此外，终端能响应主站保电投入/解除命令，自动调整控制状态。

（3）参数设置。终端能由主站设置限值参数、功率控制参数、预付费控制参数、终端参数、抄表参数，并进行相应设置变更。

2. 能源控制器

能源控制器（专用变压器）由电源计量模块、主控及显示模块、后备电源、功能模组构成。《能源控制器型式规范》（T/SMI 1015—2021）中规定了能源控制器的内部硬件架构、软件架构、工作环境条件、终端外观、主控单元性能等。能源控制器型式如图 4-5 所示。

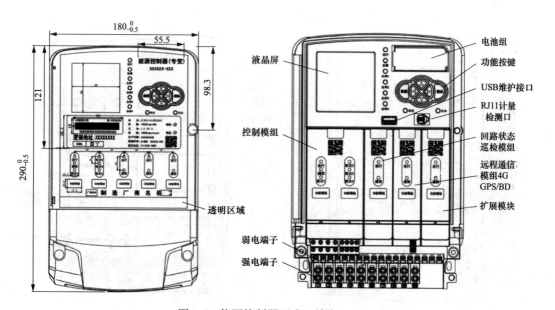

图 4-5　能源控制器型式（单位：mm）

（1）数据采集。能源控制器（专用变压器）的数据采集能力包括电能表、水气热表数据、状态量、脉冲量、交流模拟量等。可定时或定点采集电能表数据，并支持选配水、气、热表数据采集。可采集位置状态、控制输出回路开关接入状态和其他状态信息，感知设备运行状态。同时，可采集电能表输出脉冲数据，计算存储功率数据，并支持对电压电流等模拟量的采集和测量。

（2）对时、控制。能源控制器（专用变压器）终端支持与主站端的精准对时，可通过无线公网或卫星纠正时钟偏差，校时误差不超 1s。支持功率定值、电能量控制、保电和剔除、远方控制。功率定值闭环控制分为时段功控、厂休功控、营业报停功控和当前功率下浮控等；电能量定值控制包括月电控、购电量（费）控等。接收主站跳闸控制命令后，按设定告警、限电时间和控制轮次输出继电器，控制负荷开关。接收主站柔性负荷控制命令后，按接入的柔性或可中断负荷种类、预设规则、轮次及优先级，合理调度和调节企业用电负荷。

（3）参数设置。能源控制器（专用变压器）可通过主站设置终端参数、采集参数、控制参数、冻结参数等。

3. 集中器

《电力用户用电信息采集系统型式规范》（Q/GDW 1375.1—2013）规定了各种类型集中器的规格要求、显示要求、外形及安装尺寸、端子接线、材料、工艺等。集中器型式如图 4-6 所示。

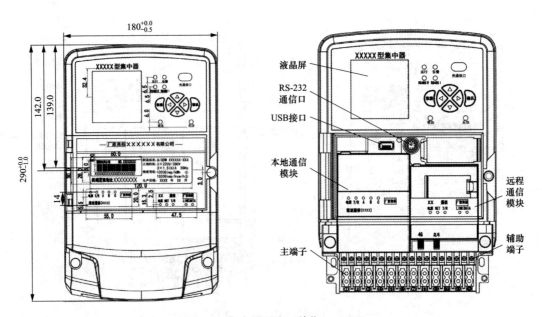

图 4-6　集中器型式（单位：mm）

（1）数据采集。集中器的数据采集能力包含对于电能表、水气热表数据、状态量、配电变压器数据、智能低压感知设备、环境参量等数据的采集；支持水、气、热表数据采集，按配置的采集任务对水、气、热表数据进行采集、存储、主动上送至主站或在主站召测时发送给主站；采集终端标配电压、电流等模拟量采集功能，具备与监测配电变压器的传感器通信的接口，实时监测配变工况与环境；终端支持通过本地通信协议采集低压故障指示器、低压分路监测单元和多功能电力仪表等，实现台区侧节点电气、状态等信息采集。

（2）参数设置。集中器能由主站设置终端参数、抄表、其他（限值、预付费等）参数，并进行相应设置变更。

（3）分析应用。集中器可基于采集电气量数据及感知状态量数据实现低压侧用电管理、台区电气拓扑识别、分布式能源管理、多元化负荷管理、能效管理等功能。

4.2.2 智能量测开关

智能量测开关具备高精度电流传感器和量测单元，包括塑料外壳式断路器和隔离开关，可实现分布式光伏防孤岛保护、过载、短路保护等功能。在应用场景上，智能量测开关可以应用于计量箱层级的计量异常监测、失准更换、线损分析等应用场景。

1. 型式外观要求

智能量测开关如图 4-7 所示，其外观应符合以下要求。

（1）智能量测开关的金属零件采取适当的镀、涂层防蚀，金属零件不应有裂纹、麻点及镀层脱落。

（2）智能量测开关的塑料制件应表面光滑，不应有气泡、裂纹、麻点等缺陷。

（3）操作智能量测开关时容易触及的外部部件应采用绝缘材料制成。

2. 设备功能

智能量测开关具备量测功能以及带载开断能力，可以实现对功率、电流、电压、有功电量等数据的计量，支持掉电、分合闸、过流、过压、电流不平衡、

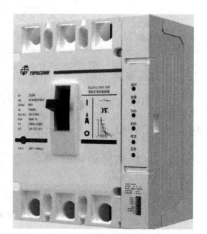

图 4-7 智能量测开关

欠压、电压不平衡、断相等事件的记录。自带通信功能，可支持 RS-485、载波、蓝牙等方式通信，同时可以实现过载保护、短路短延时保护、短路瞬时保护、过电压、欠电压、缺相等基本保护。当应用于分布式光伏场景时，智能量测开关可支持孤岛检测并动作，保护电网及人身安全。

4.2.3 智能电能表

智能电能表集电能量计量、信息存储及处理、实时监测、自动控制、信息交互等功能于一体，为电力系统的智能化管理和优化运营提供有力支持。

1. 智能电能表的分类与适用场景

智能电能表的分类与适用场景见表 4-7。

表 4-7 智能电能表的分类与适用场景

大类	小类		适用场景
智能电能表	远程费控智能电能表	2级单相费控智能电能表	适用于远程费控的居民用户、部分一般工商业用户
		1级三相费控智能电能表	适用于远程费控的一般工商业用户、部分居民用户
		0.5s级三相费控智能电能表	适用于远程费控的一般工商业用户
	本地费控智能电能表	2级单相费控智能电能表	适用于本地费控的居民用户、部分一般工商业用户
		1级三相费控智能电能表	适用于本地费控的一般工商业用户、部分居民用户
		0.5s级三相费控智能电能表	适用于本地费控的一般工商业用户
	非费控智能电能表	1级三相智能电能表	适用于台区考核关口或专用变压器用户
		0.5s级三相智能电能表	适用于电厂、变电站等关口或专用变压器用户
		0.2s级三相智能电能表	适用于电厂、变电站等关口或100kVA及以上专用变压器用户
	智能物联电能表	单相智能电能表	适用于居民用户
		三相智能电能表	适用于一般工商业用户、厂站关口或专用变压器用户

2. 智能物联电能表

智能物联电能表是专为物联网应用设计的"模块化"智能电能表，由计量模组、管理模组、扩展模组三大部分组成。它具备电能计量、数据处理、实时监测、自动控制、环境感知、信息交互以及通信路由等多重功能，充分满足了物联网对智能电能表的需求。

（1）计量模组。由信号处理单元、计量单元以及存储单元组成，可实现电能计量功能，并与管理模组进行数据交互。

（2）管理模组。由数据处理单元、显示单元、安全单元、存储单元、控制单元组成，能够实现显示、对外通信、事件记录、数据冻结、负荷控制等功能，是连接计量模组与扩展模组的中间件。

（3）扩展模组。用于电能表业务扩展，包括通信、计算、监测、控制等功能的扩展，满足非介入式负荷辨识、电能质量分析、有序充电控制、水气热仪表数据接入等不同应用场景需求。

4.2.4　电流互感器

电流互感器的目的是通过它们具有的高电压隔离与电流比率变换作用，向继电保护装置、自动装置、指示仪表，电量变送器和电能表供给电流信号。

电流互感器通常安装在计量箱内，与电能表配套使用。准确度等级应为 0.5s 级及以上。电流互感器配置见表 4-8。

表 4-8　　　　　　　　　　　　　　电 流 互 感 器 配 置

类型	准确度等级	规格
普通型	0.2、0.5s	75～150A/5A
		200～500A/5A
		600～800A/5A
抗直流分量型	0.2、0.5s	150～200A/5A
		300～500A/5A
		600～800A/5A

4.2.5　光伏采集监控单元

光伏采集监控单元支持光伏逆变器、断路器接入，具备光伏逆变器协议转换、远程/就地控制、并网电能质量监测、孤岛检测和断路器监控等功能，远程通信方式包含无线公网等，本地通信方式包括 RS-485、CAN 等。光伏感知监控单元支持主站或采集终端与光伏逆变器的通信协议转换，光伏感知终端与采集终端、主站通信或接口转接器的通信均遵从《电能信息采集与管理系统　第 4-5 部分：通信协议—面向对象的数据交换协议》（DL/T 698.45—2017）。

4.2.6　规约转换器

规约转换器下行支持 RS-485 通信，上行支持 HPLC/网络通信，支持 Modbus、《多功能电能表通信协议》（DL/T 645—2007）等协议，至少支持 10 家主流厂家的逆变器协议，秒级上报周期。

协议转换器具备协议转换功能，能够通过 RS-485 通信实时采集不同厂家及型号的逆变器数据，并把逆变器的私有协议转换成主站协议。

4.2.7　光伏设备数据交互模组

光伏设备数据交互模组为智能物联电能表的 B 型扩展模组，用于实现智能物联电能表与光伏设备之间的数据交互。模组与光伏设备通过交互，可查询、监测与模组匹配的光伏设备，模组能够响应上级设备的指令，按照实际情况和上级设备下发的控制策略对光伏设备的发电功率进行调节。模组与物联表通信采用 DL/T 698.45 协议，模组与逆变器通信采用 Modbus 协议。

4.3 分布式光伏系统高级量测体系计量采集典型方案

低压分布式光伏用户根据上网类型可分为全额上网公用变压器（简称"公变"）用户、自发自用，余电上网公用变压器用户、自发自用，余电上网专用变压器用户。根据低压分布式光伏用户上网类型可配置不同计量采集方案。

4.3.1 全额上网公用变压器用户

全额上网公用变压器用户可基于光伏采集监控单元、智能物联表进行光伏数据计量采集设备配置。

1. 基于光伏采集监控单元的典型配置

对于全额上网公用变压器用户，采用采集终端（采集主站）＋电能表＋光伏采集监控单元＋断路器配置，在计量点处安装 1 个光伏采集监控单元，实现低压分布式光伏电能表、逆变器、断路器采集监控。

基于光伏采集监控单元的全额上网公用变压器用户配置如图 4-8 所示。

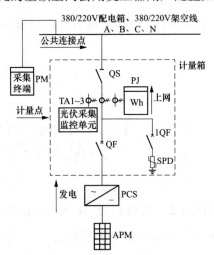

图 4-8 基于光伏采集监控单元的全额上网公用变压器用户配置

QS—隔离开关；QF—断路器；PM—采集终端；PJ—电能表；PCS—逆变器；APM—光伏组件；

TA—电流互感器；SPD—浪涌保护器

2. 基于智能物联表的典型配置

对于全额上网公用变压器用户，采用采集终端（采集主站）＋物联表＋断路器配置，在计量点处安装1只物联表（含光伏设备数据交互模组），在物联表后端安装1只断路器，实现低压分布式光伏采集监控。

基于智能物联表的全额上网公用变压器用户配置如图4-9所示。

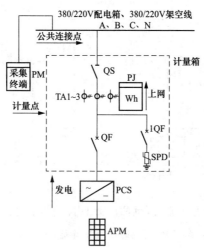

图4-9 基于智能物联表的全额上网公用变压器用户配置

QS—隔离开关；QF—断路器；PM—采集终端；PJ—电能表；PCS—逆变器；APM—光伏组件；

TA—电流互感器；SPD—浪涌保护器

4.3.2 余电上网公用变压器用户

对于自发自用、余电上网公用变压器用户可基于光伏采集监控单元、智能物联表进行光伏数据计量采集设备配置。

1. 基于光伏采集监控单元的典型配置

对于自发自用、余电上网公用变压器用户，采用采集终端（采集主站）＋电能表＋光伏采集监控单元＋断路器配置，在计量点1处安装1只光伏采集监控单元，实现低压分布式光伏电能表、逆变器、断路器采集监控。

基于光伏采集监控单元的自发自用、余电上网公用变压器用户配置如图4-10所示。

2. 基于智能物联表的典型配置

对于自发自用、余电上网公用变压器用户，采用采集终端（采集主站）＋物联表＋断路器＋光伏逆变器配置，在计量点1处安装1只物联表（含光伏设备数据交互模组），在物联表后端安装1只断路器，实现低压分布式光伏采集监控。基于智能物联表的自发自用、余电上网公用变压器用户配置如图4-11所示。

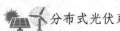

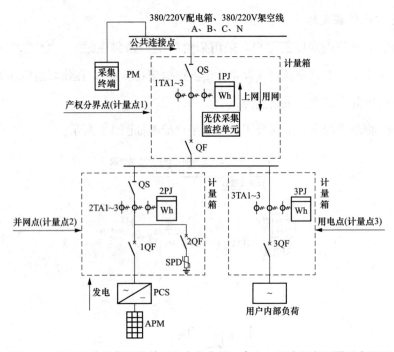

图 4-10　基于光伏采集监控单元的自发自用、余电上网公用变压器用户配置

QS—隔离开关；QF—断路器；PM—采集终端；PJ—电能表；PCS—逆变器；APM—光伏组件；

TA—电流互感器；SPD—浪涌保护器

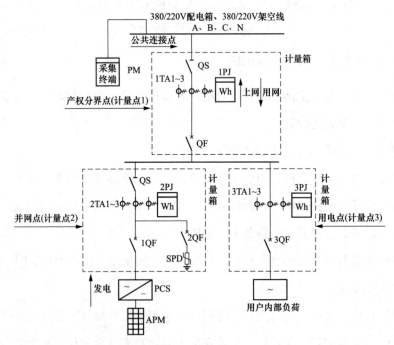

图 4-11　基于智能物联表的自发自用、余电上网公用变压器用户配置

QS—隔离开关；QF—断路器；PM—采集终端；PJ—电能表；PCS—逆变器；APM—光伏组件；

TA—电流互感器；SPD—浪涌保护器

4.3.3　余电上网专用变压器用户

对于自发自用、余电上网专用变压器用户，可基于光伏采集监控单元、智能物联表进行光伏数据计量采集设备配置。

1. 基于光伏采集监控单元的典型配置

对于自发自用、余电上网专用变压器用户，采用采集终端（采集主站）＋电能表＋光伏采集监控单元＋断路器配置，在计量点 2 处安装 1 只光伏采集监控单元，实现低压分布式光伏电能表、逆变器、断路器采集监控。

基于光伏采集监控单元的自发自用、余电上网专用变压器用户配置如图 4-12 所示。

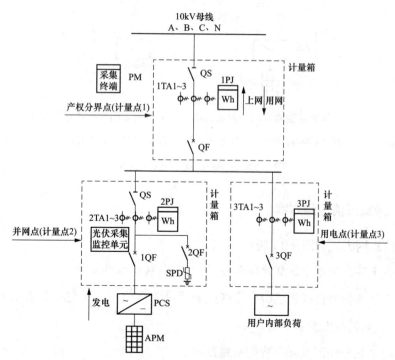

图 4-12　基于光伏采集监控单元的自发自用、余电上网专用变压器用户配置

QS—隔离开关；QF—断路器；PM—采集终端；PJ—电能表；PCS—逆变器；APM—光伏组件；

TA—电流互感器；SPD—浪涌保护器

2. 基于智能物联表的典型配置

对于自发自用、余电上网专用变压器用户，采用采集终端（采集主站）＋物联表＋断路器＋光伏逆变器配置，在计量点 2 处安装 1 只物联表（含光伏设备数据交互模组），在物联表后端安装 1 只断路器，实现低压分布式光伏采集监控。

基于智能物联表的自发自用、余电上网专用变压器用户配置如图 4-13 所示。

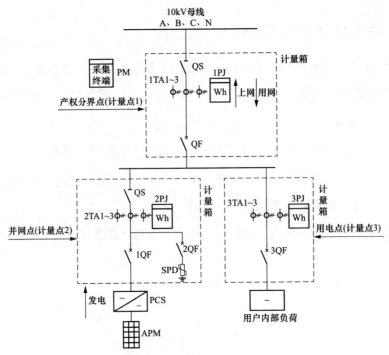

图 4-13 基于智能物联表的自发自用、余电上网专用变压器用户配置

QS—隔离开关；QF—断路器；PM— 采集终端；PJ—电能表；PCS—逆变器；APM—光伏组件；

TA—电流互感器；SPD—浪涌保护器

4.3.4 采集通信组网方案

采集通信组网方式如图 4-14 所示。

1. Ⅰ型集中器、新型台区智能融合终端 HPLC/双模组网方案

Ⅰ型集中器和新型台区智能融合终端远程通过无线公网方式与采集主站通信，本地则通过 HPLC/双模与电能表通信。

电能表通过 RS-485/蓝牙与智能断路器通信。

电能表通过 RS-485/CAN/M-BUS 等方式与数据采集器通信。

2. Ⅱ型集中器、光伏采集感知终端组网方案

Ⅱ型集中器或光伏采集感知终端远程通过无线公网方式与采集主站通信，本地通过 RS-485 与电能表通信。

电能表通过 RS-485 或者蓝牙通信方式与智能断路器通信。

电能表通过 RS-485、CAN、M-BUS 等方式与数据采集器通信。

3. 电能表配置 4G/5G 模块组网方案

电能表配置 4G/5G 模块，通过无线公网方式与采集主站远程通信，本地通过

RS-485 或者蓝牙通信方式与智能断路器通信。

电能表通过 RS-485、CAN、M-BUS 等方式与数据采集器通信。

4. "云云对接"组网方案

采集主站与光伏厂商主站通过"云云对接"方式，实现与光伏逆变器通信。相关设备应采用 DL/T 698.45 协议。

对于分布式光伏逆变器控制的扩展协议，应符合 DL/T 698.45 要求。

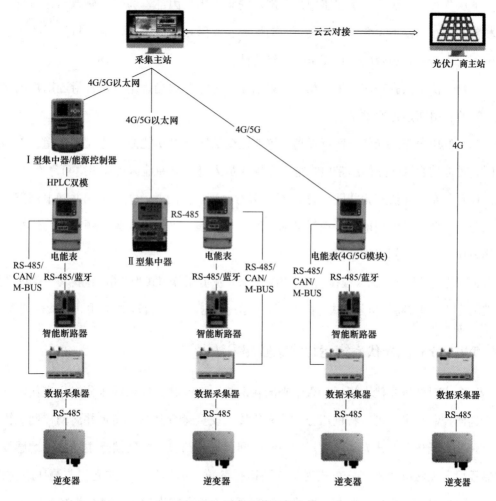

图 4-14　采集通信组网方式

第 5 章　分布式光伏系统安全监测控制技术

低压分布式光伏系统多属于用户资产，安装于用户内部，为用户侧电源，与自备电厂相似，具有容量小、数量多、负荷波动性大、并网点多、难以调节等特点。接入低压配电网后，严重影响台区运行安全性与经济性。

（1）光伏节点有功注入抬高相邻节点电压，可能导致光伏用户及其附近用户电压越限、不符合电压运行要求。

（2）低压分布式光伏台区反孤岛装置或逆变器防孤岛功能故障造成光伏用户孤岛运行时，可能使台区线路继续带电，危及运维人员人身安全和地区负荷供电可靠性。

（3）分布式光伏三相并网出力 30％ 以下时电流谐波问题严重，单相并网电流谐波均存在超标问题，导致用电设备损耗增加、发热与振动、噪声增大等问题，这会缩短设备使用寿命，使用户侧保护装置误动。

面向应对低压光伏大规模接入带来的新形势，从低压分布式光伏电网侧和客户侧安全监测控制技术，可以将低压分布式光伏接入安全运行监测，实现并离网控制和出力柔性调节。

5.1　分布式光伏系统运行状态监测方法

面向应对低压光伏大规模接入带来的新形势、新课题，应用低压分布式光伏电网侧安全监测控制技术，可以将低压分布式光伏接入安全运行监测，实现并离网控制和出力柔性调节。低压分布式光伏并网运行引起的问题日益凸显，台区缺乏主动防御的感知与控制手段，无法有效监测分布式光伏并网运行参数。本节从分布式光伏监测体系建设、全景可靠监测模型建立、监测方案研究等方面开展分布式光伏运行状态监测方法研究。

5.1.1　分布式光伏监测体系

按照目前低压分布式光伏行业的发展、制度、操作上的特点与规范，根据低压分布式光伏接入系统后对电网产生的风险，在并网接入、运营管理、电力消纳等多个层面构建了完善的低压分布式光伏体系，并进行了深入的分布式光伏数据挖掘分析。以辅助公司关键业务的提升与增值业务的发展。

依据《电能质量 供电电压偏差》(GB/T 12325—2008)、《光伏发电系统接入配电网技术规定》(GB/T 29319—2012)、《分布式电源接入配电网设计规范》(Q/GDW 11147—2017)等国家标准和技术规范，以及《国家发展改革委关于 2020 年光伏发电项目价格政策的通知》和《国家发展改革委关于 2018 年光伏发电有关事项的通知》等政策和管理规定，构建低压分布式光伏监测体系，主要包含光伏接入监测、运行状态监测、光伏消纳监测和并网影响监测。

分布式光伏监测体系整体架构如图 5-1 所示。

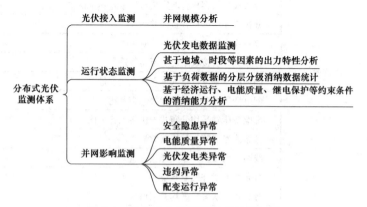

图 5-1　分布式光伏监测体系整体架构

1. 光伏接入监测

根据事先统计不同地区、区域、台区下分布式光伏用户的客户数、装机容量、发电量、上网电量、并网点数、线路条数、光伏接入占比等数据，构建并网规模分析模型，从而进行低压分布式光伏并网规模的估计和评定。统计装机容量、配变容量、渗透率、电能质量情况、安全合规运行情况等信息，建立光伏接入风险指数评估模型，实现对光伏接入能力和接入风险的分析与评估。

分布式光伏系统并网规模指标体系见表 5-1。

2. 运行状态监测

基于用户、台区、区域分布式光伏高频采集数据，实现现场运行设备和全景运行数据在线可观，全面分析光伏出力就地消纳能力，为分布式光伏运行控制提供支撑服务和调控依据。充分利用光伏发电量、上网电量、实时发电功率、上网功率等实时发电数据、环境监测数据、设备运行状态数据，实现光伏运行状态的监测。从地区、区域、台区等不同维度统计年利用小时数、典型日负荷特性数据、最大负荷和最小负荷出力情况等信息，直观反映总体消纳能力。其次考虑经济运行、电能质量、继电保护和负荷特性等约束条件，分析影响分布式光伏消纳的主要因素，据此建立基于以上约束条件的光伏消纳能力分析模型。

表 5-1　　　　　　　　　　　分布式光伏并网规模指标体系

序号	分类	指标名称
1	并网规模	分布式电源客户数量
2		分布式光伏客户装机容量
3		分布式光伏客户发电量
4		分布式光伏客户上网电量
5		分布式光伏渗透率
6		分布式光伏客户计量点容量
7		分布式光伏客户合同容量与计量点容量偏差
8		分布式光伏客户容量偏差率
9		分布式光伏客户容量平均偏差率
10		分布式光伏接入配电变压器数量
11		同一配电变压器接入分布式光伏容量
12		配电变压器分布式光伏接入容量比
13		配电变压器平均分布式光伏接入容量比
14		分布式光伏接入的线路数量
15		线路平均接入分布式光伏容量
16		分布式光伏并网点数量
17		分布式光伏客户平均并网点数量
18		配电变压器平均并网点数量
19		分布式光伏接入容量比大于 25% 的配电变压器数量
20		接入分布式光伏容量大于 2MW 的线路条数

分布式光伏并网消纳指标体系见表 5-2。

表 5-2　　　　　　　　　　　分布式光伏并网消纳指标体系

序号	分类	指标名称
1	消纳统计	年度等效利用小时数
2		典型日最大负荷、最小负荷
3		典型日平均负荷
4		典型日峰谷差
5		典型日峰谷差率
6	消纳能力分析	经济运行
7		继电保护
8		电能质量
9		消纳方式
10		运行方式
11		接入位置
12		负荷特性

3. 并网影响监测

从电能质量、安全合规运行、配变负载、配变倒送等方面，展开光伏并网对电网影响的分析。

分布式光伏并网影响指标体系见表5-3。

表5-3　　　　　　　　　　分布式光伏并网影响指标体系

序号	分类	指标名称
1	安全隐患异常	过欠压保护异常
2		频率保护异常
3		防孤岛保护异常
4		过电流保护异常
5		剩余电流保护异常
6		功率因数异常
7	电能质量异常	电压偏差异常
8		直流分量超限异常
9		三相电压不平衡度异常
10		电压波动异常
11		电压闪变异常
12		谐波畸变率异常
13	光伏发电类异常	光伏反向发电异常
14		光伏发电时长异常
15		光伏发电量异常
16	违约异常	私自增容
17	配电变压器运行异常	倒送配电变压器数量
18		配变最大倒送功率
19		配变倒送时长
20		配变年度倒送时长
21		配变平均年度倒送时长
22		配变正向负载率
23		配变正向重载、超载次数
24		配变反向负载率
25		配变反向重载、超载次数

5.1.2 全景式可靠监测模型

1. 光伏接入监测

并网规模监测主要基于以下模型和计算公式来实现。

（1）分布式电源客户数量。计算公式为

分布式电源客户数量 $-\sum$ 统计期并在统计单位范围内的分布式发电的每一户用电客户

$$(5-1)$$

（2）分布式光伏客户装机容量。计算公式为

分布式光伏客户装机容量 $=\sum$ 统计期并在统计单位范围内的分布式发电的

每一户用电客户容量 　　$(5-2)$

（3）分布式光伏客户发电量。计算公式为

分布式光伏客户发电量 $=\sum$ 统计期并在统计单位范围内的分布式光伏发电用户的

每一个电能表计量的有功电量 　　$(5-3)$

（4）分布式光伏客户上网电量。计算公式为

分布式光伏客户上网电量 $=\sum$ 统计期并在统计单位范围内的分布式发电的

每一户用电客户上网电量 　　$(5-4)$

（5）分布式光伏渗透率。计算公式为

$$分布式光伏渗透率 =\sum \frac{在统计供电范围内的分布光伏客户装机容量之和}{统计期内该供电范围最大用电负荷} \quad (5-5)$$

（6）分布式光伏客户计量点容量。计算公式为

分布式光伏客户计量点容量 $=\sum$ 统计期同一分布式光伏客户下多个计量点容量

$$(5-6)$$

（7）分布式光伏客户合同容量与计量点实际数据容量偏差。计算公式为

分布式光伏客户合同容量与计量点容量偏差

$=$ 统计期同一分布式光伏客户下计量点合计容量 $-$ 统计期同一分布式光伏客户合同容量

$$(5-7)$$

（8）分布式光伏客户容量偏差率。计算公式为

$$分布式光伏客户容量偏差率 =\frac{统计期同一分布式光伏客户容量偏差}{统计期同一分布式光伏客户合同容量} \quad (5-8)$$

（9）分布式光伏客户容量平均偏差率。计算公式为

分布式光伏客户容量平均偏差率

$=$ 统计期在统计单位范围内所有分布式光伏客户容量偏差率的平均值 　　$(5-9)$

（10）分布式光伏接入配变数量。计算公式为

分布式光伏接入配变数量

$$= \sum 统计期在统计单位范围内分布式光伏接入的配电变压器个数 \quad (5\text{-}10)$$

（11）同一配电变压器接入分布式光伏容量。计算公式为

$$同一配电变压器接入分布式光伏容量 = \sum 统计期同一配变低压侧接入的光伏计量点容量$$

$$(5\text{-}11)$$

（12）计算公式为

配电变压器分布式光伏接入容量比

$$= \frac{统计期同一配电变压器低压侧接入分布式光伏计量点总容量}{同一配电变压器额定容量} \quad (5\text{-}12)$$

（13）配变平均分布式光伏接入容量比。计算公式为

配电变压器平均分布式光伏接入容量比

$$= \frac{统计期在统计单位范围内存在分布式光伏接入的配电变压器与分布式光伏接入容量比之和}{统计期在统计单位范围内存在分布式光伏接入的配电变压器数量}$$

$$(5\text{-}13)$$

（14）分布式光伏接入的线路数量。计算公式为

布式光伏接入的线路数量

$$= \sum 统计期在统计单位范围内分布式光伏接入的线路条数 \quad (5\text{-}14)$$

（15）线路平均接入分布式光伏容量。计算公式为

线路平均接入分布式光伏容量

$$= \frac{统计期在统计单位范围内存在分布式光伏接入的线路接入分布式光伏计量点容量之和}{统计期在统计单位范围内存在分布式光伏接入的线路数量}$$

$$(5\text{-}15)$$

（16）分布式光伏并网点数量。计算公式为

分布式光伏并网点数量

$$= \sum 统计期在统计单位范围内每一个分布式光伏客户并网点的个数 \quad (5\text{-}16)$$

（17）分布式光伏客户平均并网点数量。计算公式为

$$分布式光伏客户平均并网点数量 = \frac{统计期在统计单位范围内分布式光伏并网点数量}{统计期在统计单位范围内分布式光伏用户数}$$

$$(5\text{-}17)$$

（18）配电变压器平均并网点数量。计算公式为

配电变压器平均并网点数量

$$=\frac{统计期在统计单位范围内分布式光伏并网点数量}{统计期在统计单位范围内存在分布式光伏接入的配电变压器台数} \quad (5\text{-}18)$$

(19) 分布式光伏接入容量比大于 25％的配变数量。计算公式为

分布式光伏接入容量比大于 25％ 的配电变压器数量

＝统计期在统计单位范围内分布式光伏接入容量比大于 25％ 的配电变压器数量合计

$$(5\text{-}19)$$

(20) 接入分布式光伏容量大于 2MW 的线路条数。计算公式为

接入分布式光伏容量大于 2MW 的线路条数

＝统计期在统计单位范围内接入分布式光伏容量大于 2MW 的线路条数合计

$$(5\text{-}20)$$

2. 运行状态监测

依据分布式光伏用户档案信息及并网点的电压、电流、功率、断路器开合状态等数据，构建逆变器＋智能量测和控制设备＋主站的光伏运行监测模式。利用机器学习等数据驱动算法在云侧开展光伏运行状态评估，监测光伏的运行情况。

(1) 基于知识关联分析方法，集成设备、用户、台区、区域开展多层级、多维度的光伏运行状态监控体系。从地区、区域、台区体现不同维度下的总装机容量、实时出力、发电量情况等；或基于用户的基本信息、光伏分布情况、用户的出力、实时发电信息、消纳情况及电量走势进行全量监测观察和相关性分析；在独立设备层面对单台机组的运行状态和电力数据进行全面监测。

(2) 光伏出力情况分析。从时序方面，统计地区日内光伏出力曲线，分析日内不同时段出力特性；统计地区不同季节的发电量统计信息，分析不同季节的光伏出力特性。

(3) 消纳统计分析。

1) 年度等效利用小时数。计算公式为

$$年度等效利用小时数=\frac{某一分布式光伏年度发电量}{同一分布式光伏等效装机容量} \quad (5\text{-}21)$$

各地区的分布式光伏年度等效利用小时数是指该地区分布式光伏用户年度等效利用小时数的平均水平。

2) 还原前最大负荷、最小负荷、平均负荷。选取近一年最大峰谷差发生日作为典型日，统计典型日的最大负荷、最小负荷和平均负荷。计算公式为

$$还原前峰谷差＝型日最大负荷-典型日最小负荷 \quad (5\text{-}22)$$

$$还原前峰谷差率 = \frac{还原前峰谷差}{典型日最大负荷} \times 100\% \qquad (5\text{-}23)$$

（4）消纳能力分析。考虑接线方式、接入位置、经济运行、继电保护、电能质量、负荷特性等方面的约束，建立分布式光伏消纳能力监测评估模型，如图5-2所示。

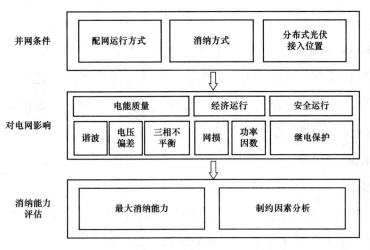

图 5-2　分布式光伏消纳能力评估模型

考虑配电网并网条件对消纳能力的影响，系统特性和短路容量会因不同的运行方式和负荷水平而出现差异，尤其是系统中潮流的分布和大小将出现明显区别。除此之外，不同的接入位置对系统潮流也会有不同的影响，进一步影响电网的消纳能力。因此，注重电能质量中的电压偏差和谐波等，压降电路网损，做好电网保护，以此优化系统的运行模式，提高负荷水平。

3. 并网影响监测

（1）安全隐患。基于分布式光伏并网点电压、频率、电流、功率、功率因数等高频采集数据，依据标准要求研判是否出现异常情况，持续监测保护装置是否按要求产生告警事件并动作。

针对保护装置失效导致的安全隐患类的异常监测，具体类型包括六类：过欠压保护异常、频率保护异常、防孤岛保护异常、过电流保护异常、剩余电流保护异常、功率因数异常。

1）过欠压保护异常。依据《光伏发电系统接入配电网技术规定》（GB/T 29319—2012）要求，当并网点电压超出 $0.85U_N \sim 1.1U_N$ 范围时，光伏系统未在规定的时间内停止向电网线路送电，包括并网专用开关、逆变器等正常启动保护，判定为过欠压保护异常，研判规则如下。

a. 数据来源：发电表。

b. 数据要求：负荷曲线数据（默认 15min）。

c. 算法：$\dfrac{连续\ n\ 个点电压}{220}>K_1$ 或 $<K_2$ 时，且电流大于 $K_3 I_N$ 时。

d. 恢复条件：$K_2 \leqslant \dfrac{连续\ n\ 个点电压}{220} \leqslant K_1$ 时。

e. 阈值建议：n 建议为 2，K_1 建议为 1.1，K_2 建议为 0.85，K_3 建议为 0.05。

2）频率保护异常。依据《光伏发电系统接入配电网技术规定》（GB/T 29319—2012）要求，当并网点频率超出 47.5～50.2Hz 范围时，光伏系统未在规定时间内停止向电网线路送电，判定为逆变器频率保护异常，研判规则如下。

a. 数据来源：发电表。

b. 数据要求：频率数据（默认 15min）。

c. 算法：连续 n 个点频率 >50.2Hz 或 <47.5Hz，且电流大于 KI_N 时。

d. 恢复条件：47.5Hz $\leqslant$ 连续 n 个点频率 $\leqslant 50.2$Hz 时。

e. 阈值建议：n 建议为 2，K 建议为 0.05。

3）防孤岛保护异常。依据《光伏发电系统接入配电网技术规定》（GB/T 29319—2012）要求，防孤岛装置通过检测并网点的幅值、频率、相位和谐波含量等来探测系统是否处于孤岛状态，主要包括过/欠压检测、过/欠频检测、相位突变检测、谐波检测等。当分布式光伏发电系统并网的电网断电时，分布式光伏发电仍能正常工作，判定防孤岛保护异常，防孤岛保护动作时间应不大于 2s，且与电网侧线路保护相配合。为防止逆变器孤岛检测失败，需要在电网侧依托设备边缘计算能力，由断路器/孤岛保护装置等设备实现孤岛检测和保护功能。当电网出中断时，不仅依赖于逆变器自身的孤岛检测与保护功能来断开光伏发电系统与低压电网的连接状态。依托采集终端、智能电能表等智能量测设备，抄读孤岛保护产生事件记录，上报到云端，实现孤岛检测，分析孤岛保护装置检测孤岛情况，分析是否按要求动作，若未正常动作，判定为孤岛保护装置响应异常，研判规则如下。

a. 数据来源：发电表、用电（上网）表、公用变压器终端。

b. 数据要求：公用变压器终端停电研判、停电时间、复电时间，发电表、用电（上网）表负荷曲线数据（默认 15min）。

c. 算法：根据公用变压器终端停电研判，获取终端停电时间、复电时间。公用变压器停电期间，发电表、用电（上网）表同时连续 n 个点电压 >0。且发电表、用电（上网）表与终端时钟差均应在 K min 内。

d. 恢复条件：/

e. 阈值建议：n 建议为 2，K 建议为 3。

4）过电流保护异常。依据《户用分布式光伏发电并网接口技术规范》（GB/T 33342—2016）、《低压开关设备和控制设备 第 2 部分：断路器》（GB/T 14048.2—2020）要求，监测回路电流，当电流超过 $1.3I_N$ 且运行超过规定脱扣时间时，判定并网专用开关过电流保护异常，研判规则如下。

a. 数据来源：发电表。

b. 数据要求：负荷曲线数据（默认 15min）、并网专用开关（智能断路器）额定电流值 I_N。

c. 算法：电流×电流互感器变比>$K_1 I_N$，持续 n 个小时。

d. 恢复条件：电流×电流互感器变比≤$K_2 I_N$，持续 n 个小时。

e. 阈值建议：K_1 建议为 1.3，K_2 建议为 1.05；$I_N \leq 63A$ 时，n 建议为 1；$I_N > 63A$ 时，n 建议为 2。

5）剩余电流保护异常。依据《户用分布式光伏发电并网接口技术规范》（GB/T 33342—2016）、《剩余电流动作保护装置安装和运行》（GB/T 13955—2017）要求，监测回路剩余电流，当剩余电流大于 100mA 时，剩余电流保护器未正确动作，判定并网专用开关剩余电流保护异常，研判规则如下。

a. 数据来源：发电表。

b. 数据要求：剩余电流数据（默认 15min）。

c. 算法：连续 n 个点，剩余电流>K×100mA。

d. 恢复条件：剩余电流≤K×100mA。

e. 阈值建议：n 建议为 2，K 建议为 1。

6）功率因数异常。依据《光伏发电系统接入配电网技术规定》（GB/T 29319—2012）要求，当发电功率因数在超前 0.95～滞后 0.95 范围之外，判定为运行功率因数异常，研判规则如下。

a. 数据来源：发电表。

b. 数据要求：功率因数（默认 15min）。

c. 算法：连续 n 个点，功率因数<K_1。

d. 恢复条件：剔除夜间不发电时段后，连续 n 个点功率因数>K_2。

e. 阈值建议：n 建议为 4，K_1 建议为 0.95，K_2 建议为 0.98。

（2）电能质量监测。针对电能质量类异常的监测，具体类型包括电压偏差异常、三相电压不平衡度异常、电压波动异常、电压闪变异常、谐波畸变异常及直流分量超限异常 6 类。

1）电压偏差异常。依据《光伏发电系统接入配电网技术规定》（GB/T 29319—2012）、《电能质量 供电电压允许偏差》（GB/T 12325—2008）要求，380V 及以下三相供电电压偏差为标称电压的 ±7%；220V 单相供电电压偏差为标称电压的 +7%、−10%。当超出阈值时，判定为电压偏差异常，研判规则如下。

a. 数据来源：发电表。

b. 数据要求：电压偏差异常统计数据（1 天）。

c. 算法：当日产生的电压偏差异常超限次数大于等于 n，生成电压不平衡度异常。

d. 阈值建议：n 建议为 1。

2）三相电压不平衡异常。依据《光伏发电系统接入配电网技术规定》（GB/T 29319—2012）、《电能质量 三相电压不平衡》（GB/T 15543—2008）要求，负序电压不平衡度不超过 2%，短时不得超过 4%。当超出阈值时，判定为三相电压不平衡异常，研判规则如下。

a. 数据来源：发电表。

b. 数据要求：电压不平衡度异常统计数据（1 天）。

c. 算法：当日产生的电压不平衡度异常超限次数大于等于 n，生成电压不平衡度异常。

d. 阈值建议：n 建议为 1。

3）电压波动异常。依据《光伏发电系统接入配电网技术规定》（GB/T 29319—2012）、《电能质量 电压波动和闪变》（GB/T 12326—2008）要求，电压波动限值见表 5-4，当超出阈值时，判定为电压波动异常。

表 5-4　　　　　　　　电 压 波 动 限 值

r/(次/h)	D/%
$r \leqslant 1$	4
$1 < r \leqslant 10$	3
$10 < r \leqslant 100$	2
$100 < r \leqslant 1000$	1.25

注　r 为电压变动频度；d 为电压方均根值曲线上相邻两个极值电压之差，以系统标称电压的百分数表示。

研判规则如下。

a. 数据来源：发电表。

b. 数据要求：电压波动异常统计数据（1天）。

c. 算法：当日产生的电压波动异常超限次数大于等于 n，生成电压波动异常。

d. 阈值建议：n 建议为1。

4）电压闪变异常。依据《光伏发电系统接入配电网技术规定》（GB/T 29319—2012）、《电能质量 电压波动和闪变》（GB/T 12326—2008）要求，当系统短时间闪变 P_{st} 超过1时，判定为电压闪变异常，研判规则如下。

a. 数据来源：发电表。

b. 数据要求：电压闪变异常统计数据（1天）。

c. 算法：当日产生的电压闪变异常超限次数大于等于 n，生成电压闪变异常。

d. 阈值建议：n 建议为1。

5）谐波畸变异常。依据《光伏发电系统接入配电网技术规定》（GB/T 29319—2012）、《电能质量 公用电网谐波》（GB/T 14549—1993）要求，电压谐波畸变限值见表5-5，电流谐波畸变限值见表5-6。当超出阈值时，判定为谐波畸变异常。

表 5-5　　　　　　　　　　　　电压谐波畸变率限值

电压总谐波畸变率	各次谐波电压含有率/%	
	奇次	偶次
5.0	4.0	2.0

表 5-6　　　　　　　　　　　　电流谐波畸变率限值

基准短路容量/MVA	谐波次数及谐波电流允许值/A									
	2	3	4	5	6	7	8	9	10	……
10	78	62	39	62	26	44	19	21	16	……

当公共接入点处的最小短路容量与基准点短路容量不一致时，谐波电流允许值为

$$I_h = \frac{S_{k1}}{S_{k2}} I_{hp} \tag{5-24}$$

式中　S_{k1}——公共连接点的最小短路容量；

S_{k2}——基准短路容量；

I_{hp}——表中的第 h 次谐波电流允许值；

I_h——短路容量为 S_{k1} 时的第 h 次谐波电流允许值。

研判规则如下。

a. 数据来源：发电表。

b. 数据要求：谐波异常统计数据（1天）。

c. 算法：当日产生的电压谐波总畸变率超限次数大于等于 n，或电流谐波总畸变率超限次数大于等于 n，生成电压/电流谐波畸变异常。

d. 阈值建议：n 建议为1。

6）直流分量超限异常。依据《光伏发电系统接入配电网技术规定》（GB/T 29319—2012）要求，直流电流分量不超过其交流额定值的 0.5%，当超出阈值时，判定为直流分量超限异常，研判规则如下。

a. 数据来源：发电表。

b. 数据要求：直流分量统计数据（1天），物联电能表电能质量模组暂不具备此功能，需增加直流分量统计数据。

c. 算法：当日产生的直流分量超限异常次数大于等于 n，生成直流分量超限异常。

d. 阈值建议：n 建议为1。

（3）光伏发电类异常。分布式光伏出力受到天气、环境、设备运行状态等多方面影响，并且多种影响因素可能在同一瞬间存在。在光伏系统正常稳定运行时，系统出力能力会根据以上影响因素出现波动，且波动会保持在一定范围内，当超出合理的范围外，判定为光伏发电异常。同时，计量装置安装错误导致发电量反向也会产生光伏发电类异常。具体类型包括光伏发电量反向异常、光伏发电时长异常及光伏发电出力异常 4 类。

1）光伏反向发电异常。光伏系统发电时，发电表走字方向与通用设计方案不一致，判定为光伏发电量反向异常，研判规则如下。

a. 数据来源：发电表。

b. 数据要求：日电量（1天）。

c. 算法：全额上网方式（发电为反向有功），发电表的日正向有功电量＞日反向有功电量，且日正向有功电量＞$K×1\mathrm{kW \cdot h}$；余电上网方式（发电为正向有功），发电表日反向有功电量＞日正向有功电量，且日反向有功电量＞$K×1\mathrm{kW \cdot h}$。

d. 恢复条件：全额上网方式，发电表日正向有功电量≤日反向有功电量，且日正向有功电量＞$K×1\mathrm{kW \cdot h}$；余电上网方式，发电表日反向有功电量＜日正向有功电量，且日反向有功电量＞$K×1\mathrm{kW \cdot h}$。

e. 阈值建议：K 建议为1。

2）光伏发电时长异常。对同一地区光伏用户进行统计，计算该地区光伏当天平均发电时长，低于平均数预设阈值的判定为光伏发电时长异常；监测夜间分布式光伏发电负荷，当有发电数据时，判定为夜间发电。根据光伏平均发电时长将项目发电情况划分为五类，为用户提供发电时长监测服务，光伏发电时长异常标准见表5-7。

表 5-7 光伏发电时长异常标准

效率展示	评价标准
Ⅰ类	发电时长为0
Ⅱ类	日平均发电时长 0＜发电时长≤日平均发电时长 30％
Ⅲ类	日平均发电时长 30％＜发电时长≤日平均发电时长 60％
Ⅳ类	日平均发电时长 60％＜发电时长≤日平均发电时长 80％
Ⅴ类	发电时长高于日平均发电时长 80％

注 日平均发电时长根据实际情况，可采用同地区平均数。也可以月份为计量周期进行运算。

研判规则如下。

a. 数据来源：发电表。

b. 数据要求：日发电时长（1天）、同一区域发电用户。

c. 算法：当发电时长为0，生成Ⅰ类异常；0＜发电时长≤K_1×日平均发电时长，生成Ⅱ类异常；K_1×日平均发电时长＜发电时长≤K_2×日平均发电时长，生成Ⅲ类异常。

d. 阈值建议：K_1建议为30％，K_2建议为60％，日平均发电时长由该地区统计后生成。

3）光伏发电量异常。根据用户消纳方式和月度发电量情况，监测分布式光伏用户自发自用余电上网用户，但月度自用部分为0、上网电量大于发电量、连续零发电量等异常发/用电行为，并产生告警，实现发电量异常监测。

4）违约异常。用户未办理业扩报装的前提下，私自增加光伏板数量或更换更大功率的光伏板，导致运行容量超过报装合同容量，使得光伏发电量增加，从而骗取政府补贴，判定为违约异常。监测光伏用户实时发电负荷，与合同容量对比，监测发电负荷大于合同容量情况，并产生告警，研判规则如下。

a. 数据来源：发电表。

b. 数据要求：负荷曲线数据（默认 15min）。

c. 算法：日发电最大功率×电压互感器变比×电流互感器变比/接入容量＞K。

d. 恢复条件：日发电最大功率×电压互感器变比×电流互感器变比/接入容量≤K。

e. 阈值建议：K建议为1.2。

（4）配电变压器运行监测。分布式光伏并网出力过大时，可能出现向上一级电网反向送电的现象，严重情况会造成台区变压器反向过载。

1）监测配电变压器倒送情况。计算公式为

$$倒送配电变压器数量 = \sum 统计期在统计单位范围内 7:00 \sim 19:00，配电变压器$$

$$功率出现连续 2 个小时及以上为负功率的配电变压器个数$$

$$(5-25)$$

$$配电变压器最大倒送功率 = MAX（统计期在统计单位范围内 7:00 \sim 19:00，$$

$$配电变压器负值功率的绝对值）\qquad (5-26)$$

$$配电变压器倒送时长 = 统计期在统计单位范围内 7:00 \sim 19:00 配电变压器负值$$

$$功率点数 \times 0.25(h) \qquad (5-27)$$

$$配电变压器年度倒送时长 = \sum 统计期在统计单位范围内配电变压器倒送时长$$

$$(5-28)$$

$$配电变压器平均年度倒送时长 = 某统计单位范围内配电变压器年度倒送时长的均值$$

$$(5-29)$$

2）依据《城市配电网运行水平和供电能力评估导则》和《配电网运行规程》（Q/GDW 1519—2014），配电变压器配变负载率≥＝80％且<100％，且持续 2 小时，认为重载；配变负载率≥＝100％，且持续 2 小时，认为过载。针对台区重过载问题，充分利用高频采集数据资产价值，开展台区重过载实时监测。在配网公用变压器台区出口侧关口表实时数据进行大数据分析，开展配网公用变压器台区出口侧"重过载"情况监测。依据以下计算模型，监测分析配电变压器正向负载率、重载和超载次数，反向负载率、重载和超载次数，并根据严重程度产生告警。

3）配电变压器正向负载率。该指标反映了单个配电变压器在日运行期间所达到过的正向最大使用率，体现了配电变压器在不同的系统运行模式下满足负载需求的充裕度，同时也在一定程度上反映配电变压器的安全运行状况。指标计算方法为

$$配电变压器正向负载率 = \frac{日正向最大负荷}{配电变压器容量}(\%) \qquad (5-30)$$

当变压器的负载率偏低时，表明变压器利用率并不高；如果负载率长时间保持过高，则变压器线圈的温度会显著上升，导致其绝缘材料的机械与电气性能劣化，从而缩短其寿命。

4）配电变压器正向重载、超载次数。在典型的放射式电网架构中，配电变压器负

责向下游供电。通常，配电变压器在 20%～80%的负载率下被视为正常运作；若负载率攀升至 80%～100%，则视为重负荷运作的配电变压器；而负载率超过 100%则代表过载运作的配电变压器。然而，在光伏并网后，配电变压器可能出现功率反送的情况，导致其负载率为负。在此情境下，若配电变压器在向下供电时，其负载率进入重载或过载范围，则称之为正向重负荷、正向过载运作。

5）配电变压器反向负载率。当光伏电源具备较大容量时，光伏产生的电力可能逆向流向电网，配电变压器因此从原来的下送功率模式转变为承担倒送功率模式。在这种特殊运行状态下，为了衡量这一变化，采用倒送的最大 功率与配电变压器容量的比值定义为配电变压器反向负载率，即

$$配电变压器反向负载率 = \frac{倒送最大功率}{配电变压器容量}(\%) \tag{5-31}$$

图 5-3 所示为某光伏台区单日内负载率变化情况。

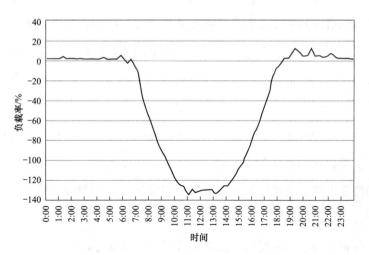

图 5-3　某光伏台区单日内负载率变化情况

6）配电变压器反向重载、超载次数。若光伏电源所发功率远远大于配电变压器负荷，配电变压器将可能出现反向重载或反向过载的情况。反向重载配电变压器是指反向负载率为 80%～100%的配电变压器；反向过载配电变压器是反向负载率大于 100%的配电变压器。

针对重过载台区展开深度探索，从接入光伏情况、设备容量、设备户均容量、设备运行年限、变压器型号、超容量用电/发电、负荷/发电三相不平衡、采集信息错误性等方面展开统计分析，深度挖掘台区重过载根本原因。采用关联分析模型，分析区域性重过载问题，为故障排查和处理提供支撑服务。

5.2 电能质量与功率控制

目前，随着分布式光伏电站的快速发展，能源结构发生改变，清洁能源比重逐渐增大。但由于天气、设备和技术等限制，电能质量问题在分布式光伏并网发电系统将更易出现。本节首先介绍了分布式发电的接入对电压波动和闪变、电压暂降和偏差、电力谐波等方面的影响。其次给出了各种的控制策略以解决并网电能质量问题，最后给出了逆变器的控制方法。

5.2.1 电能质量

当前，由于各国电力政策和运营环境的差异，电能质量的定义和期望标准尚未形成统一共识。为了更精确地界定电能质量，我们从不同视角进行深入研讨。从电力供应企业的视角来看，电能质量是指其提供的电力指标符合既定标准，并确保供电过程的可靠性。从电气设备制造商的角度来看，电能质量是指其制造的电气设备所需的电气特性满足一定标准。从电力消费者的立场来看，电能质量问题指的是任何影响用户正常用电的电力扰动。从工程实践的角度出发，电能质量可以被细分为电压质量、电流质量以及供电质量。实际电压与理想电压之间的差异是评价电压质量的关键指标，它决定了供电企业向电力消费者提供的电能是否达标。电流质量与电压质量紧密相关。电压质量涵盖电压偏差、频率波动、三相电压失衡、电压瞬变、波动与闪变、电压暂降、欠压、过压、电压谐波和陷波等现象。电流质量则主要包括电流谐波、间谐波和陷波等。供电质量则包含技术和非技术两个方面。技术层面涉及电压质量和供电可靠性；非技术层面则包括供电企业对消费者投诉的响应速度以及电力价格的透明度等。

下面介绍相对于分布式光伏电站较为重要的电能质量定义。

1. 电压波动与闪变

电压波动是指工频电压包络线呈现的有规律的周期性变化或一系列电压的非确定性变动。

《电能质量　电压波动和闪变》（GB/T 12326—2008）中规定，35kV 及以下电压等级的允许电压波动范围为 $d=1.25\%\sim4\%$。110kV 及以上电压等级的允许电压波动范围为 $d=1\%\sim3\%$。

闪变是指电压波动造成灯光照度不稳定（灯光闪烁）的人眼视感反应，可以用闪变值量化。电力系统公共连接点，在系统正常运行的较小方式下，以一周（168h）为测量周期，所有长时间闪变值 $P(h)$ 都应满足《电能质量　电压波动和闪变》（GB/T 12326—2008）中闪变限值的要求。

（1）引起电压波动和闪变的主要原因主要在于电力系统内的动态变化。光伏电源并网引起的电压波动和闪变的主要原因在于光伏电源输出功率的不稳定性，输出功率的波动不仅会影响电压的稳定性，还可能引起频率的波动，光伏电源并网等效电路如图 5-4 所示。

图 5-4 中，$\dot{U}_1$ 是光伏的输出电压向量；$\dot{U}_2$ 是电网的电压向量；Z 为线路阻抗。光伏电源的输出功率为 S，有

$$Z = R + \mathrm{j}\dot{X} \tag{5-32}$$

$$S = P + \mathrm{j}Q \tag{5-33}$$

与实轴重合，光伏并网电压相量如图 5-5 所示。

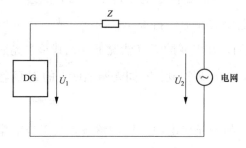

图 5-4　光伏电源并网等效电路

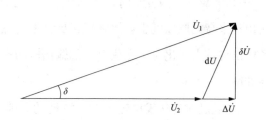

图 5-5　光伏并网电压相量

从相量图可以看出

$$\dot{U}_2 = \dot{U}_1 - \left(\frac{S}{\dot{U}_1}\right)^* Z \tag{5-34}$$

进一步推导，得

$$\dot{U}_2 = U_1 - \frac{PR+QX}{U_1} - j\frac{PX-QR}{U_1} \tag{5-35}$$

令

$$\Delta U = \frac{PR+QX}{U_1} \tag{5-36}$$

$$\delta U = \frac{PR-QX}{U_1} \tag{5-37}$$

则电网电压波动为

$$\mathrm{d}\dot{U} = \Delta U + j\delta U \tag{5-38}$$

光伏电源一般距离负荷较近，且以低压为主，故 $R \gg X$，所以有

$$\mathrm{d}\dot{U} = \Delta U + \mathrm{j}\delta U = \frac{PR}{U_1} - \mathrm{j}\frac{QX}{U_1} \qquad (5\text{-}39)$$

从式（5-39）可看出，电压波动主要与光伏电源输出的有功和无功功率有关，又由于光伏电源出力主要以有功功率为主，即 $P \gg Q$，所以电网电压的波动和闪变主要源于光伏输出有功功率的波动。

（2）影响光伏发电的输出功率的因素。光伏发电的功率输出主要受太阳能光谱分布、光照强度、光伏电池的内部结构（如晶体结构）、温度以及被阴影遮挡的面积等因素的影响。

1）光照强度对光伏发电输出功率波动的影响。光照强度直接正向影响光伏电池的光电流，在光强为 $100 \sim 1000 \mathrm{W/m^2}$ 的范围内，光电流随光强增强而显著提升。与此同时，光照强度对光伏电池电压的影响较小，在温度恒定的条件下，当光照强度为 $400 \sim 1000 \mathrm{W/m^2}$ 内变动时，光伏电池的开路电压大体上保持稳定。因此，光伏电池的输出功率与光照强度也大致维持正比关系。然而，在多变的天气状况下，尤其是当光照条件出现较大变化时，光伏电池的输出电功率将会出现波动。不同光照强度下的 $P\text{-}U$ 特性如图 5-6 所示。

2）温度对光伏发电输出功率波动的影响。随着光伏电池温度的攀升，其工作效率会有所降低。开路电压在 $20 \sim 100\text{℃}$ 的范围内会随着温度的升高而逐渐下降，大约每升高 1℃ 就减少 $2\mathrm{mV}$。与此同时，光电流则随着温度的上升而略有增长，大约每升高 1℃ 电流就增加 1%。总体而言，光伏电池的输出功率在温度每上升 1℃ 时会相应减少 0.35%，这就是温度系数。不同光伏电池的温度系数存在差异，因此，它成为衡量光伏电池性能的重要指标之一。不同温度下的 $P\text{-}U$ 特性如图 5-7 所示。

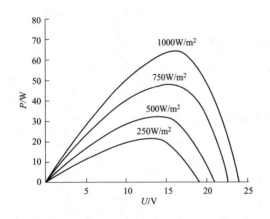

图 5-6　不同光照强度下的 $P\text{-}U$ 特性

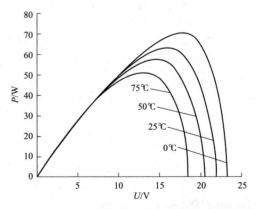

图 5-7　不同温度下的 $P\text{-}U$ 特性

3）阴影遮盖面积对光伏发电输出功率波动的影响。光伏电池对阴影极为敏感，即使是局部阴影也可能造成其性能大幅下降，进而影响整体输出功率。因此，避免阴影覆盖变得尤为重要，需要定期清理光伏组件表面以防止热斑效应。特别值得注意的是，当某个光伏电池被完全遮挡时，整个组件的输出功率可能减少高达 75%。因此，在选择光伏发电场地时，阴影遮盖应被视为一个关键的评估因素，并予以充分考虑。

（3）电压波动的计算。电压波动可以通过电压方均根值曲线 $U(t)$ 来描述，电压变动 d 和电压变动频度 r 则是衡量电压波动大小和快慢的指标。

电压变动 d 的定义表达式为

$$d = \frac{\Delta U}{U_\mathrm{N}} \times 100\% \tag{5-40}$$

式中 ΔU——电压方均根值曲线上相邻两个极值电压之差；

U_N——系统标称电压。

当电压变动频度较低且具有周期性时，可通过电压方均根值曲线 $U(t)$ 的测量，对电压波动进行评估，单次电压变动可通过系统和负荷参数进行估算。

当已知三相负荷的有功功率和无功功率的变化量分别为 ΔP_i 和 ΔQ_i 时，可用式（5-41）计算电压变动，即

$$d = \frac{R_\mathrm{L} \Delta P_i + X_\mathrm{L} \Delta Q_i}{U_\mathrm{N}^2} \times 100\% \tag{5-41}$$

式中 R_L、X_L——分别为电网阻抗的电阻、电抗分量。

在高压电网中，一般 $X_\mathrm{L} \gg R_\mathrm{L}$，则有

$$d \approx \frac{\Delta Q_i}{S_\mathrm{oc}} \times 100\% \tag{5-42}$$

式中 S_oc——考察点（一般为 PCC）在正常较小方式下的短路容量。

在无功功率的变化量为主要成分时，可采用式（5-43）进行粗略估算，即

$$d \approx \frac{\Delta S_i}{S_\mathrm{oc}} \times 100\% \tag{5-43}$$

式中 ΔS_i——三相负荷的变化量。

（4）光伏电源出力和启停具有随机性和波动性特点，当光伏电源与当地负荷未实现协调运行，可能增大系统电压波动。当容量较大的光伏电源系统启动或退出、或出力发生大幅度突变，或者光伏电源和系统反馈环节电压控制设备相互影响，甚至可能造成系统电压暂降或闪变。系统电压波动、暂降或闪变的幅值与光伏电源并网点处系统短路容

量直接相关，经研究，当光伏电源并网点的系统短路电流与光伏电源额定电流的比值低于 10 时，光伏电源引起的电压波动可能不满足相关国家标准对电压波动的要求。

1) 对于低压分布式或中压馈线并网的光伏电源，其接入配电网的位置对电压质量的影响至关重要。特别是当光伏电源靠近线路末端时，线路阻抗的增大将导致系统短路容量减小。这种情况下，光伏电源的启停或功率波动更容易引发电压的波动、暂降或闪变，且影响更为严重。

2) 光伏电源通过专线直接接入变电站母线，由于线路阻抗较小，因此并网点的系统短路容量较大。相比之下，采用中压馈线接入时，相同容量的光伏电源在启停或出力波动时，更容易导致电压的波动、暂降或闪变。因此，专线接入方式在电压稳定性方面表现出更高的优越性。

2. 谐波

谐波是指电流或电压中所含频率为基波频率整数倍的分量，通常是指对周期性的非正弦分量进行傅里叶分解所得到的大于基波频率且为其整数倍的各次分量。而间谐波是指非工频频率整数倍的谐波，谐波与间谐波对电网的电能质量有着重大的影响。《电能质量　公用电网谐波》（GB/T 14549—1993）中主要定义了 6 种谐波指标，用来评估电网中谐波带来的电能质量问题。

(1) 谐波与间谐波产生的机理。分布式发电中的谐波与间谐波主要来源于变流器。典型的三相变流器主电路如图 5-8 所示，定义变流器谐波分析的开关函数为 S_a、S_b、S_c。

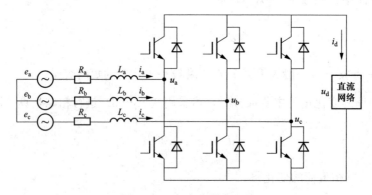

图 5-8　三相变流器主电路

在理想情况下，对于逆变器，其直流侧电流 i_d 和交流侧电压 U_a 满足

$$\begin{cases} i_d = i_a S_{ia} + i_b S_{ib} + i_c S_{ic} \\ u_a = u_d S_{ua}; u_b = u_d S_{ub}; u_c = u_d S_{uc} \end{cases}$$

(5-44)

对于整流器，其交流侧电流 i_a 和直流侧电压 U_d 满足

$$\begin{cases} u_d = u_a S_{ua} + u_b S_{ub} + u_c S_{uc} \\ i_a = i_d S_{ia}; i_b = i_d S_{ib}; i_c = i_d S_{ic} \end{cases} \tag{5-45}$$

式中　S_{ia}、S_{ib}、S_{ic}——分别为三相电流开关函数；

　　　S_{ua}、S_{ub}、S_{uc}——分别为三相电压开关函数。

易得结论，交流侧出现的间谐波主要是由变流器直流侧非整数倍基波频率的纹波分量所引起。

1) 在变流器运行于理想条件时，即三相电压平衡且纯净无谐波，结合换相的影响，直流侧会出现特征性的 $6k$ 次谐波电压。在系统侧，尽管存在由直流侧 $6k$ 次特征谐波电压产生的 $6k$ 次谐波电流，但这一谐波电流与直流电流均受到开关函数的同步调制，可得

$$|f_i \pm f_j| = |6k_1 \pm (6k_2 \pm 1)| = |6k \pm 1| \tag{5-46}$$

即在系统侧将产生 $6k \pm 1$ 次特征谐波电流。

2) 在非标准运行状态下，变流器的直流侧会出现非典型谐波电压。这些非典型谐波电压在开关函数的调制作用下，会在交流侧产生相应的非典型谐波电流。特别是在三相电压不均衡的情况下，$6k \pm 2$ 次谐波电压所对应的谐波电流，经过开关函数的调制可得

$$|f_i \pm f_j| = |(6k_1 \pm 2) \pm (6k_2 \pm 1)| \tag{5-47}$$

3) 当直流侧含有非基波整数倍频率的扰动项 ω_m 时，经过开关函数调制，在系统侧将产生间谐波分量

$$|f_i \pm f_j| = |\omega_m \pm (6k \pm 1)| \tag{5-48}$$

(2) 谐波污染。通过电力电子设备接入配电网的光伏电源，其开关设备频繁开通和分断易产生谐波分量，对配电网及用户造成谐波污染，严重的情况下可导致电压变形超标、电容组谐波过流、变压器铁损增加、干扰继电保护等问题。光伏电源的谐波类型和严重程度取决于功率变换器技术和光伏电源的互联结构，如目前广泛应用的基于 IGBT 新型逆变器的光伏电源比旧型 SCR 功率逆变器谐波污染更小。光伏电源的出力大小和接入位置对其谐波水平有重要影响，光伏电源出力越大、接入位置越远离系统母线，对并网点的谐波污染越大。为此，必须在光伏电源并网前评估其谐波影响，并选择合理的接地方式。对大容量的光伏电源或谐波污染严重的情况，需加装滤波装置以保障电能质量。采用低压分散方式并网或中压馈线接入的光伏电源，接入点越接近线路末端，系统短路容量越小，光伏电源可能引起的谐波污染越大。采用专线接入的光伏电源，由于其直接接入变电站母线，系统短路容量较大，相对于中压馈线接入的情况，相同容量光伏

电源采用专线接入方式，引起谐波污染相对较小。考虑到大部分地区光伏电源并网规模小，对配电网谐波水平影响有限，只有在非额定运行状态下（出力急剧变化、输出远低于额定容量等）的大容量新电源发电则可能产生足以引起注意的谐波污染。

3. 电压偏差

电压偏差是指实际运行电压对系统标称电压的偏差相对值。测量时间窗口应为 10 个周波，并且每个测量时间窗口应该与紧邻的测量时间窗口相近且不产生重叠，连续测量并计算电压有效值的平均值，最终计算获得供电电压偏差值。

《电能质量供电电压允许偏差》（GB/T 12325—2008）中规定：20kV 及以下电压等级的供电电压偏差范围为额定电压的 ±7%。

5.2.2　电能质量控制

新型电力系统越来越发达的现代，电力电子装置的使用程度很大提高了电能的利用率。但由于光伏电源的非线性特征，大量的谐波和无功电流会注入电网中，引起电压闪变、频率偏移和三相不平衡，影响微电网电能质量及设备运行的稳定性。采用传统的无源滤波装置对微电网电能质量进行治理，其具备可靠性高，成本较低等优势，但会被谐振所影响，因此，无功补偿发生器（SVG）、有源滤波器（APF）、动态电压调节器（DVR）等有源滤波装置被广泛应用于微电网电能质量治理问题中。

1. 无源滤波装置

该设备由电容器、电抗器，以及在某些情况下包括电阻器等无源组件构成，其主要功能是通过为特定次数的谐波或其以上次数的谐波提供一个低阻抗通道，来实现对高次谐波的抑制效果。鉴于 SVC（静止无功补偿器）的调节范围需从感性区间扩展到容性区间，滤波器与动态调控的电抗器被设计为并联运行，这样的配置不仅满足了无功补偿的需求，提升了功率因数，而且有效地消除了高次谐波带来的不利影响。

2. 无功补偿发生器（SVG）

无功补偿 SVG 由检测模块、控制运算模块及补偿输出模块 3 个基本功能模块组成。其工作原理基于外部电流互感器的实时监测，捕捉系统电流数据，包括有功功率 P、视在功率 S 和无功功率 Q 等关键参数。随后，控制核心对这些数据进行深入分析，并据此发出精确的补偿指令。电源电子逆变电路响应这些指令，输出相应的补偿电流。SVG 系统采用高性能的可控电力电子器件（如 IGBT）构建自换相桥路，并通过电抗器与电网并联。通过精确调整输出电压的幅值和相位，或直接操控交流侧的电流，该系统能够迅速、有效地吸收或释放所需的无功电流，实现无功功率的动态平衡。作为有源补偿装置，SVG不仅能够紧密跟随冲击负载产生的冲击电流，还能准确追踪并补偿系统中的谐波电流，确保电网的稳定运行。

3. 有源滤波器（APF）

有源滤波器（APF）由集成运算放大器（Op-Amp）与电阻（R）和电容（C）组成，具备无需电感、结构紧凑、轻便等优势。集成运算放大器以其极高的开环电压增益、高输入阻抗和低输出电阻为特点，构成有源滤波电路后，还兼具电压放大和缓冲功能。然而，由于集成运算放大器的带宽限制，当前的有源滤波电路难以在极高频率下工作。与无源滤波器相比，APF具备以下显著特点：

（1）其能力不仅限于补偿各种次数的谐波，更能有效抑制闪变、补偿无功，实现一机多用的高效性，从而提供较高的性价比。

（2）其滤波性能不会受到系统阻抗等因素的影响，从而消除了与系统阻抗发生谐振的风险。

（3）具备自适应特性，能够自动追踪并补偿不断变化的谐波，展现出了高度的可控性和快速的响应性。

4. 动态电压调节器（DVR）

动态电压调节器（DVR）主要由储能单元、串联变压器、逆变模块以及滤波器四大部分构成。DVR在配电系统中充当一个动态受控的电压源，其通过精细的调节机制，能够抵消电力系统扰动对负载电流产生的负面影响，这些扰动可能包括电流降低、电压不均衡以及谐波等。当直流侧的电能完全依赖于系统整流提供时，即便在单相故障的情况下，其余两相仍能为DVR提供必要的电力支持，从而确保其持续工作，并可能实现对系统长期电流下降的补偿。

从总体上讲，DVR装置可分为两类：一类是基于相电压补偿的，每相电压相互独立；另一类则是基于线电压补偿的，各项电压相互关联。相电压补偿型DVR具有控制简便和能够补偿零序电压的优点，然而，它需要为每相设置单独的功率回路，这导致功率器件增多、体积增大、成本提高，并且在处理电压泵升时面临挑战。相对而言，线电压补偿型DVR结构紧凑，所需功率器件较少，且更易于处理电压泵升问题，但它无法补偿零序电压。

5. 多功能并网逆变器

多功能并网逆变器是集成并网逆变器功能和其他如电能优化等功能的电力电子装

置，如图 5-9 所示。相较于功能独立的多个电力电子装置，这类多功能并网逆变器通过一套系统即可在并网发电的同时实现电能质量调控等额外功能，显著降低了系统的成本和体积，特别适用于分布式发电环境。

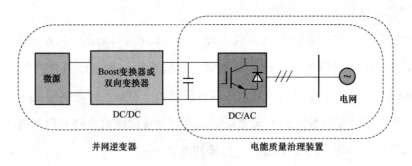

图 5-9　多功能并网逆变器

单相多功能并网逆变器主要面向家庭用户。当前的单相系统中，多功能并网逆变器多以光伏（PV）电池为基础，并集成了谐波/无功电流补偿或电压波动/骤变/中断补偿等功能。但单相多功能并网逆变器的功率通常较低，且单相系统中谐波电流的检测相比三相系统更为复杂。此外，单相并网发电系统作为电网的非对称源，会加重电网的不平衡问题。因此，三相多功能并网逆变器相较于单相逆变器，具有更高的实用价值和重要性。现有的三相多功能并网逆变器多为单级或两级逆变器拓扑结构，集成功能主要包括有源滤波器（APF）、功率因数校正（PFC）、动态电压恢复器（DVR）或统一电能质量控制器（UPQC）等。

5.2.3　光伏电源功率控制

由于分布式电源类型及并网方式的不同，接口变流器采取的外环控制策略也不同，主要有恒功率控制（PQ 控制）、恒压恒频控制（U/f 控制）和下垂控制（Droop 控制），下面将分别对其进行介绍。

1. 恒功率控制（P/Q 控制）

恒功率控制原理如图 5-10 所示。当系统的母线电压和频率在额定范围内时，保持分布式电源的有功功率输出和无功功率输出等于其参考功率。变换器的有功功率和无功功率一般需要经过坐标系的变换实现独立解耦控制，对检测到的三相瞬时电流 i_{abc} 与三相瞬时电压 u_{abc} 进行坐标系变换后得到 d-q 坐标系下的 i_{d-q}、u_{d-q}，计算出瞬时有功功率 P 和瞬时无功功率 Q，然后与给定的参考功率 P_{ref} 和 Q_{ref} 比较，若误差信号不为零，则通过 PI 控制器进行无静差跟踪调节，从而得到内环参考信号 i_{dref} 和 i_{qref}。在系统并网运行时，为了提高对光伏等可再生能源的利用效率，实现最优协调配合，通常将有功功率参考值 P_{ref} 设置在最大有功功率运行点，无功功率的参考值 Q_{ref} 尽可能小。

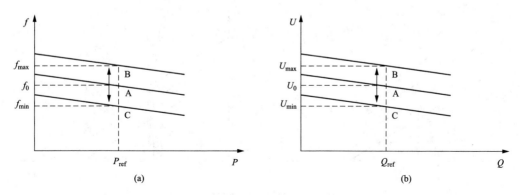

图 5-10　恒功率控制原理图

（a）频率控制；（b）电压控制

恒功率控制器结构如图 5-11 所示。

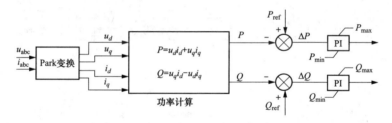

图 5-11　恒功率控制器结构

P/Q 控制策略一般用于主从控制中的并网运行模式下。在孤岛模式下，P/Q 控制不能维持电压和频率，因此系统在独立运行时必须设有维持母线电压和频率的光伏电源。当系统与大电网互连时，由大电网负责提供电压和频率参考值并控制逆变器的输出功率，维持整体供电稳定性，消除扰动。微电网仅仅需要在大电网调节下配合大电网稳定工作，支撑本地局部电压和调节馈线潮流，一般不参与电压和频率调节。

2. 恒压恒频控制（U/f 控制）

恒压恒频控制原理如图 5-12 所示。它一般用于孤岛模式下，在光伏电源输出功率变化的情况下，保持变换器输出稳定的电压和频率，为系统提供参考电压和频率，确保孤岛运行时的母线电压及频率维持在额定范围内。由于孤岛运行时各微电源容量有限，一旦负荷功率超过系统最大容量，在确保系统重要负荷正常供电的情况下就需要切除不重要的负荷，所以恒压恒频控制要能够响应跟踪负荷投切，参照用电负荷的情况，使负荷功率和发电单元的供电情况最大限度地实现功率匹配，保证系统电压和频率维持在参考值附近。在离网后，采用 U/f 控制策略的分布式电源可作为支撑系统电压和频率的主电源。

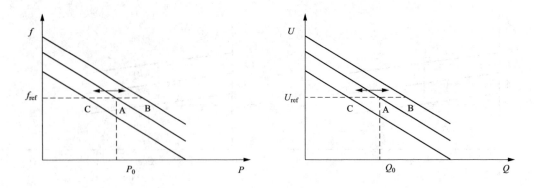

图 5-12　恒压恒频控制原理

恒压恒频典型控制结构如图 5-13 所示。

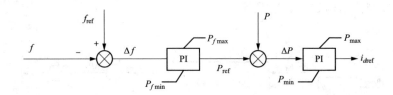

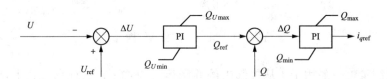

图 5-13　恒压恒频典型控制结构

3. 下垂控制（Droop 控制）

下垂控制是一种典型的分散控制方法，它通过模拟同步发电机组运行时的调压调频特性来控制微电源的变换器。当分布式电源所接系统有功功率负荷增大时，由于电源出力不足，将会造成系统频率下降，下垂控制器将按照下垂特性调节分布式电源的有功功率出力；同理，当无功功率负荷大于无功功率出力时，母线电压幅值将会产生跌落，下垂控制器按下垂特性调节无功功率相应增大。P-f 和 Q-U 下垂特性如图 5-14所示。

分布式电源变换器的功率控制环采用具有下垂特性的功率控制器，电压环采用 PI控制器调节负载电压，电流环采用比例控制器调节电容电流。分布式发电下垂控制电路如图 5-15 所示。

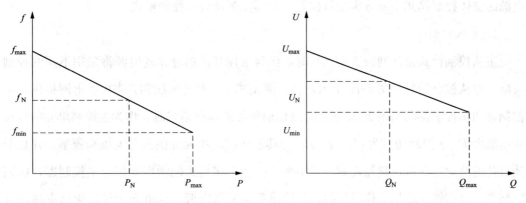

图 5-14 P-f 和 P-U 下垂特性

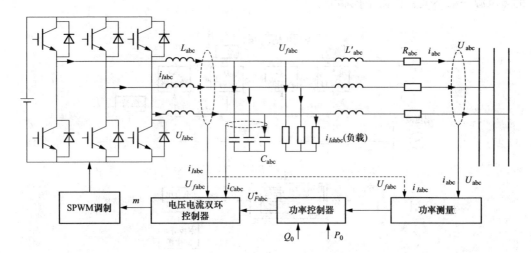

图 5-15 分布式发电下垂控制电路

下垂控制有两种基本控制方法。

（1）根据 P-f 和 Q-U 下垂特性调节输出的功率，来控制电压和频率的幅值在额定范围内。

（2）根据 f-P 和 U-Q 下垂特性调节电压和频率，f-P 和 U-Q 下垂特性原理如图 5-14 所示，通过检测系统母线电压和频率来确定功率参考值。除了上述下垂控制方法外，还有通过基于虚拟阻抗的 Q-L 下垂特性来实现电压控制，以及 P-U 和 Q-f 反下垂特性控制。

5.2.4　分布式电源的控制模式

综合控制策略与其运行模式密切相关，由于新型电力电子装置在微电网中的广泛应用，如何保证各电力电子设备的协调控制是系统稳定运行的关键技术之一。目前分布式电源的整体控制模式主要分为主从控制、对等控制及分层控制模式。

1. 主从控制

主从控制模式指并网或孤岛运行时，作为主控制器的分布式电源将采用不同的控制策略。主从控制结构如图 5-16 所示，在并网模式下，参考电压和频率由大电网提供，主控制器和从控制器均采用 P/Q 控制；当切换到孤岛运行模式时，作为主控制单元的分布式电源由 P/Q 控制切换为 U/f 控制，为其他从控制单元提供参考电压和频率，并且跟随负荷的波动，各从控制器控制方式不变。一般选惯性大的微电源作为主控制器，如储能装置、微型燃气轮机这样易于控制且输出稳定的微电源，风电和光伏这样具有波动性的微电源一般不适合作为主控制器。

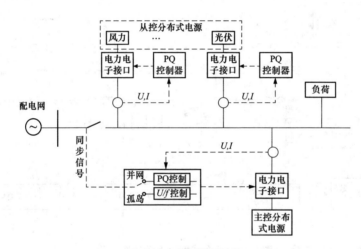

图 5-16 主从控制结构

主从控制为了保证系统的稳定运行和发挥分布式电源的最大能源利用率，一般设有中心控制器，为各分布式电源和负荷发出控制信息。主从控制模式下，从控单元过度依赖主控单元，当主控单元发生故障或中心控制器与各单元间的通信出现故障时，整个系统将失去稳定。由于主控制单元在孤岛模式下，需要跟随负荷的波动维持系统功率平衡，所以对主变流器还有一定的容量要求。

2. 对等控制

对等控制模式下，各微电源控制器间不存在主从关系，所有微电源之间地位平等，一般每个微电源的控制器通过检测自身接入点的电压和频率采用下垂控制方法实现本地控制。

对等控制结构如图 5-17 所示。在对等模式下可看作多个不同形式微电源的并联系统，采用下垂控制的微电源在负荷发生变化时可根据下垂系数自动分担负荷的变化量，实现负荷功率在微电源间的自动分配。

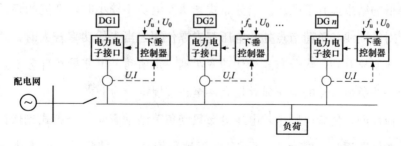

图 5-17　对等控制结构

对等控制可以避免主从控制因通信系统带来的不确定性，通过本地控制实现功率均分，省去了在建设大规模光伏电源时通信系统所带来的昂贵费用，简单可靠，易于实现微源的"即插即用"。但是采用下垂控制的系统在负荷发生变化时会造成系统的电压幅值、频率偏离额定值，实际上是一种有差控制。

3. 分层控制

顶层控制为管理层，主要负责配电网管理和根据市场需求进行调度控制；中间层为优化层，通过采集的信息，优化层的中心控制器能够合理预测各分布式电源的输出功率和系统所需负荷，再通过优化方法制定出运行计划，以实现经济运行和价值最大化；最下层控制为本地控制层，负责底层的微电源及负荷控制器，实现 DG 功率输出与负载的均衡。具体内容将在 5.3 中具体讲述。

5.3　分布式光伏分层运行控制方法

基于分布式光伏运行监测体系，建立分层分级调控机制，提出低压分布式光伏分层分级调控策略，实现各种应用场景的调控策略灵活选配，解决低压分布式光伏大规模接入带来的电能质量恶化、调控难度增大等问题，满足群调群控建设要求，保障电网安全稳定运行，助力新型电力系统健康发展。

5.3.1　控制目标及控制方式

1. 控制目标

根据分布式光伏高比例接入对电网影响情况，将分布式光伏控制目标设定在以下几个方面。

（1）电压越限。电网一般呈辐射状链式结构，随着潮流向馈线末端流动，电压也逐渐降低。接入分布式光伏电源后，馈线上的潮流随着分布式光伏输出功率的增加而降低，潮流降低的结果提升了电压。当分布式光伏发电功率较小时，潮流的降低在比较小的范围内，对沿馈线各负荷节点处的电压起支撑作用；当光伏功率较大时，潮流降低明显，节点电压明显升高，当分布式光伏功率达到一定值时，可能导致部分节点产生逆向潮流，造成一些负荷节点的电压显著提高甚至超过规定值的上限。

（2）潮流反向。传统电网中，电压分布只受负荷波动影响。分布式光伏接入后，配电网由"无源网"逐步发展为"有源网"，就地平衡负荷，使配网潮流发生改变。随着光伏在配电网中渗透率的提高，传统配电网潮流会出现变化，甚至产生反向潮流，严重时导致部分地区网供负荷特性发生变化（网供负荷低谷出现在白天用电高峰期），如图 5-18 所示，正向潮流 $U_A = U - IX_A$，反向潮流 $U_A = U + I_r X_A$。

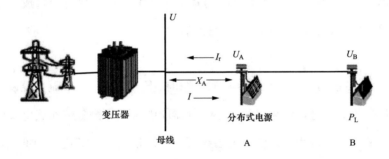

图 5-18　光伏接入对配网线路电压的影响示意图

（3）正反向重过载、超容发电。部分光伏用户虚报光伏板容量或者后期私自增加光伏板面积等情况，导致分布式光伏装机容量大于变压器容量。在白天发电高峰期时，本地用电负荷无法就地消纳光伏发电量，导致变压器反向重过载，严重时，出现烧变压器的情况。

（4）三相不平衡越限。分布式电源，特别是单相并网的分布式光伏用户的接入，往往会对配电网的三相平衡性产生显著影响。分布式光伏发电的不稳定性和用户负荷的难以预测性，再加上接入方式的不当，均可能加剧系统三相不平衡的程度，从而不利于配电网的安全稳定运作。

（5）谐波越限。分布式光伏电源接入配电网后，对电能质量的潜在威胁主要体现在谐波干扰和电压变动上。分布式光伏发电系统输出的直流电需借助逆变器转换成交流电以实现并网，但逆变器的高频转换过程中容易引入谐波。这些谐波在并网后可能因并联效应而放大，导致谐波治理变得复杂且难以预测。

2. 控制模式

采用远程和本地两种控制模式。

（1）远程控制。根据电网调峰、台区过载治理等需求，由采集主站或采集终端下达光伏专用断路器、光/储逆变器控制指令，完成低压分布式光伏控制。

（2）本地控制。根据电压越限、孤岛等紧急事件，由光伏采集监控单元、智能物联电能表自行完成低压分布式光伏控制。

3. 控制方式

控制方式包括紧急控、限值控、定值控、比例控和定时控，通过选择合适的控制方式，执行分层分级调控策略。

（1）紧急控（刚性）。出现孤岛效应等情况下，光伏采集监控单元、智能物联电能表控制光伏专用断路器跳合闸，实现对光伏用户并离网控制。

（2）定时控（刚性）。采集主站/采集终端下发定时控制指令，光伏采集监控单元、智能物联电能表按设定时间段，控制光伏专用断路器跳合闸，实现对光伏用户并离网控制。

（3）限值控（柔性）。采集主站/采集终端/光伏采集监控单元/智能物联电能表下发限值控制指令，控制光伏逆变器的输出有功功率、无功功率不超过设定值。

（4）定值控（柔性）。采集主站/采集终端/光伏采集监控单元/智能物联电能表下发定值控制指令，控制光伏逆变器功率因数至设定值。

（5）比例控（柔性）。采集主站/采集终端/光伏采集监控单元/智能物联电能表下发逆变器额定功率比例控制指令，控制光伏逆变器有功功率、无功功率不超过设定比例值。

（6）定时控（柔性）。采集主站/采集终端下发定时控制指令，光伏采集监控单元/智能物联电能表按设定时间段，通过限值控、比例控方式进行光伏逆变器控制。

5.3.2　分层分级调控策略

分层分级调控策略包括用户层并网自治策略、台区层边端自控策略和区域层聚合调控策略3部分。其中，区域层策略调控指令优先级最高，台区层策略调控指令优先级次之，用户层策略调控指令优先级最低。

1. 用户层并网自治

用户层并网自治指光伏采集监控单元或智能物联电能表监测到电能质量异常、超容运行、孤岛运行时进行边缘控制的方式。用户层并网自治控制链路如图 5-19 所示。

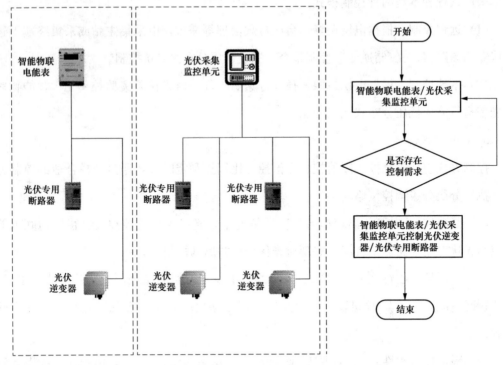

图 5-19　用户层并网自治控制链路

（1）电压越限控制。光伏采集监控单元或智能物联电能表接收采集主站下发的 4 组调控参数 $U_1\sim U_4$、$T_1\sim T_4$，参数可设置。当光伏采集监控单元或智能物联电能表监测到产权分界点电压满足判断条件时，上报电压越限事件，具体判断条件见表 5-8。

表 5-8　　　　　　　　　　　电压越限判断条件

判断条件	电压区间 /V	持续时间
条件 1	$255\leqslant U_1<265$	$\geqslant T_1$（默认 60min）
条件 2	$265\leqslant U_2<275$	$\geqslant T_2$（默认 30min）
条件 3	$275\leqslant U_3<285$	$\geqslant T_3$（默认 30s）
条件 4	$U_4\geqslant285$	$\geqslant T_4$（默认 2s）

光伏采集监控单元或智能物联电能表监测到产权分界点电压符合判断条件 1、判断条件 2 或判断条件 3 时，对最高电压所在分路的光伏逆变器进行调控。光伏采集监控单元或智能物联电能表通过下发有功功率、无功功率调控指令，调节光伏逆变器出力，使产权分界点电压$<U_1$，并向采集终端上报柔性控制事件。控制方式宜采用限值控制、比例控制。

光伏采集监控单元或智能物联电能表监测到产权分界点电压符合判断条件 4 时，控制光伏并网点的光伏专用断路器跳闸，并向采集终端上报刚性控制事件。

每执行一次调控，监测产权分界点电压值，若电压$\geq U_1$，继续调控。当光伏采集监控单元或智能物联电能表监测到产权分界点电压$<U_1$且持续时间达到 60min 时，下发有功功率、无功功率调控指令，恢复光伏逆变器最大出力，并向采集终端上报柔性控制事件；或控制光伏专用断路器合闸，并向采集终端上报刚性控制事件，继续开展监测控制。

若光伏采集监控单元或智能物联电能表在 30min 内执行 5 次柔性控制后（参数可设），产权分界点电压$\geq U_1$时，停止柔性控制并向采集终端上报柔性控制闭锁事件。当光伏采集监控单元或智能物联电能表闭锁时长达到 30min（参数可设置）后，解除闭锁。

电压越限控制策略如图 5-20 所示。

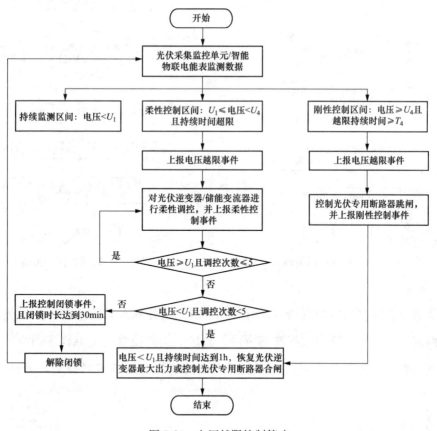

图 5-20　电压越限控制策略

（2）超容控制。光伏采集监控单元或智能物联电能表接收采集主站下发的用户报装容量参数，作为超容控制阈值，阈值和时间参数可设。当光伏采集监控单元或智能物联电能表监测到光伏并网功率达到超容控制阈值时，向采集终端上报超容并网事件。超容控制策略如图 5-21 所示。

光伏采集监控单元或智能物联电能表监测到光伏并网功率达到超容控制阈值，且持续时间超过设置时长时，通过下发有功功率、无功功率调控指令，调节光伏逆变器出力，使光伏并网功率低于报装容量，并向采集终端上报柔性控制事件。控制方式宜采用限值控制。

（3）防孤岛保护。光伏采集监控单元监测到产权分界点在 200ms 内电压摆动超过 20V、频率摆动超过 2Hz 时，判断光伏用户处于孤岛运行状态，向采集终端上报孤岛事件。防孤岛保护策略如图 5-22 所示。

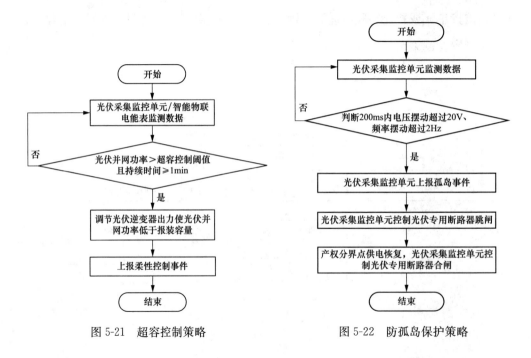

图 5-21　超容控制策略　　　　图 5-22　防孤岛保护策略

光伏采集监控单元监测到孤岛运行时，控制光伏并网点和储能并网点的光伏专用断路器跳闸，并向采集终端上报孤岛事件。光伏采集监控单元监测到该用户产权分界点供电恢复后，控制光伏并网点和储能并网点的光伏专用断路器合闸，恢复光伏/储能并网。

2. 台区层边端自控

台区层边端自控指采集终端监测到反向重过载，或存在台区能量平衡需求时，自主生成调控策略，通过光伏采集监控单元或智能物联电能表进行控制的方式。采集终端控制链路如图 5-23 所示。

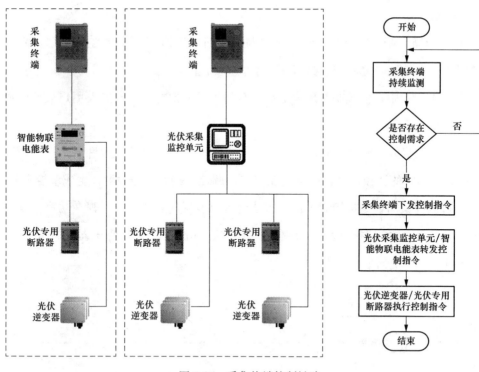

图 5-23 采集终端控制链路

（1）反向重过载调控。采集终端接收采集主站下发的反向重过载调控阈值（默认 80％）及持续时间（默认 15min）、反向重过载恢复阈值（默认 60％）及持续时间（默认 15min）、反向重过载调控目标值（默认 75％），阈值和时间参数可设。当采集终端监测到台区变压器反向负载率达到 80％且持续时间达到 15min 时，生成并向采集主站上报反向重过载事件。控制方式宜采用限值控制、比例控制、时段控制。反向重过载控制策略如图 5-24 所示。

1）调控策略。当采集终端监测到发生反向重过载时，执行调控策略。

a. 考虑冗余控制确定调控目标值为 75％，防止因部分用户调控失败而达不到所需的调控值。

b. 按照非自然人用户最高、自然人用户次之、扶贫用户最低的调控优先级确定光伏用户调控顺序。

c. 同一优先级内，按照"累计时长由小到大参与，相等时长先刚性后柔性，柔性用户先无功后有功"的调控机制，确定调控用户、调控方式和调控额度，生成调控策略。

d. 执行调控策略，上报控制事件，抄读台区总表反向有功功率、视在功率、功率因数等数据，周期性评估调控效果（评估周期默认 15min），若反向负载率降低至 80％以下，停止控制。

2）恢复策略。当反向负载率低于 60％且持续时间达到 15min 时，执行恢复策略。

a. 考虑冗余控制确定调控目标值 75％，防止超过 80％。

b. 在已控用户中，按照扶贫用户最高、自然人用户次之、非自然人用户最低的调控优先级确定调控顺序。

c. 同一优先级内，按照"累计时长由大到小恢复，相等时长先柔性后刚性，柔性用户先有功后无功"的调控机制，确定调控用户、调控方式和调控额度，生成调控策略。

d. 执行调控策略，上报控制事件，抄读台区总表反向有功功率、视在功率、功率因数等数据，周期性评估调控效果（评估周期默认 15min），保障变压器反向负载率在 80％以下时光伏逆变器最大出力。

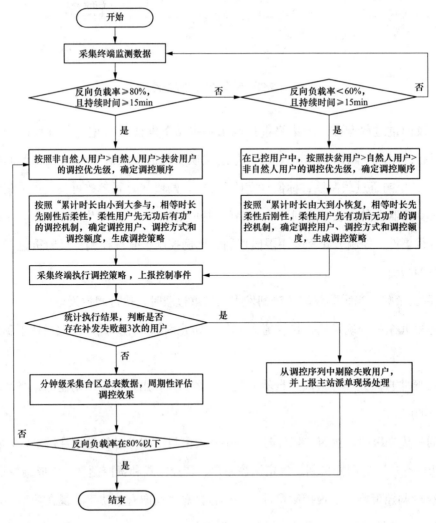

图 5-24　反向重过载控制策略

（2）台区能量平衡调控。针对具备分布式光伏、储能及可调节充电桩设备的台区，采集终端实时监测台区运行状态、光伏出力、储能状态、充电桩状态。当监测到变压器出现重过载（正向负载率或反向负载率大于80%）时，向采集主站上报重过载状态。

采集终端根据台区运行负载率、光伏出力情况、储能系统的运行状态及充电桩运行状态，生成台区能量平衡调控策略，开展光储充协同控制。

当采集终端监测变压器处于正向重过载时，启动储能放电、削减充电桩用能负荷，降低台区变压器供电负载率至合理区间。

当采集终端监测变压器处于反向重过载时，启动储能充电、增加充电桩用能负荷，削减光伏出力，降低台区变压器反向负载率至合理区间。

台区能量平衡策略如图 5-25 所示。

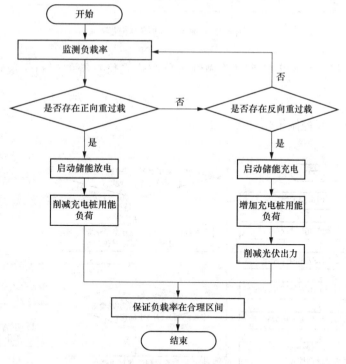

图 5-25　台区能量平衡策略

3. 区域层聚合调控

区域层聚合调控指采集主站按照电网调峰、台区治理、用户治理等控制需求，自主生成调控策略，通过采集终端、光伏采集监控单元、智能物联电能表进行控制的方式。采集主站控制链路如图 5-26 所示。

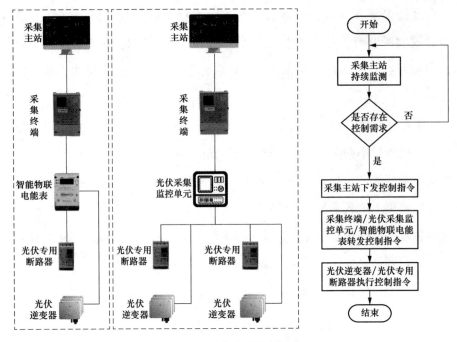

图 5-26 采集主站控制链路

（1）电网调峰。采集主站实时监测低压分布式光伏系统的运行情况，包括发电量、上网电量、消纳情况、倒送情况、出力情况、可调情况、异常情况，接收电网调峰指标。区域层电网调峰控制策略如图 5-27 所示。

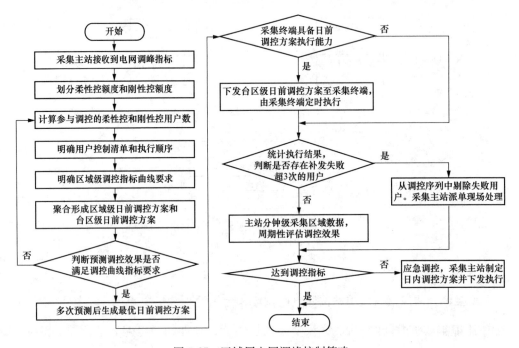

图 5-27 区域层电网调峰控制策略

采集主站依据电网调峰指标、光伏用户装机容量划分柔性控额度和刚性控额度，根据区域发电预测曲线数据、历史负荷曲线数据，在不同时间断面分解调控额度，形成区域层日前调控方案和台区层日前调控方案。若区域内存在可调储能负荷，采集主站优先控制储能充电，压减调峰指标后，执行光伏调控策略。日前调控方案生成流程如下。

1）采集主站依据调控指标、用户类型档案等信息，默认按照柔性和刚性可控光伏用户装机容量等比例划分柔性控额度和刚性控额度。

2）按照非自然人用户最高、自然人用户次之、扶贫用户最低的调控优先级，明确参与调控的顺序。

3）同一优先级内按照"柔性用户全量参与，刚性用户按等效限额小时数从小到大分组轮动参与，先刚性后柔性"的原则计算参与调控的柔性控和刚性控用户数，确定控制用户清单。

4）依据区域发电预测曲线数据、历史负荷曲线数据和调控指标，明确区域层调控指标曲线要求。

5）依据区域层调控指标曲线要求，在不同时间断面，分解柔性调控额度和刚性调控额度到户或到台区，构建不同时间断面的调控策略，聚合形成区域层日前调控方案和台区层日前调控方案。

6）估算区域层日前调控方案的调控效果，判断是否满足区域层调控曲线指标要求，如不满足重复步骤2~5，多次预测后生成最优日前调控方案。

7）若采集终端具备台区层调控能力，将台区层日前调控方案下发至采集终端，由采集终端定时执行或进一步分解调控指标并执行。若采集终端不具备台区层日前调控方案执行能力，由采集主站直接执行区域层日前调控方案。

8）日前调控方案每执行一个时间断面的调控策略，采集终端、光伏采集监控单元等采集监控设备上报控制事件，主站统计用户执行结果，执行结果包括参与调控总用户数、执行成功用户数、执行成功容量、未执行用户数、未执行容量、指令执行状态信息。

9）日前调控方案执行过程中，采集主站分钟级采集区域数据，周期性评估调控效果（评估周期默认30min）。

10）若日前调控方案无法完成调控目标，启动应急调控，采集主站按照日前调控方案生成流程制定日内调控方案并执行。

（2）台区治理。采集主站对台区运行情况进行监测分析，制定并执行台区治理调控策略，作为采集终端不具备边端自控能力情况下的调控解决方案，控制策略参考台区层边端自控。

（3）用户治理。采集主站对用户产权分界点进行监测分析，制定并执行用户电压越限控制和超容控制策略，作为用户层设备不具备并网自治能力情况下的调控解决方案，控制策略参考用户层并网自治。

采集主站对光伏并网点的发电量及发电时间等信息进行统计分析，若存在夜间发电等异常情况时，生成刚性离网控制工单，经审核确认后下发执行。

第6章　分布式光伏系统客户侧安全控制技术

分布式光伏大多处于工业或居民区，若发生故障将引发火灾事故，不仅损害光伏系统，也可能危及周边住宅、工商业设施、公共设施等的安全。通过采用一些安全检测和控制技术手段，主动识别故障特征信号，在短路或火灾发生前及时断开危险源，提升分布式光伏安全性，防止对人身安全的危害和财产的损失，为分布式光伏的持续健康发展提供坚实的安全基础。

6.1　光伏系统直流拉弧检测技术

20 世纪 90 年代开始，数起严重的光伏发电系统直流电弧故障导致的事故被报道，国内外学者开始关注直流电弧故障特性和检测方法。

6.1.1　光伏直流电弧类型

在光伏系统中产生的电弧可分为正常电弧和故障电弧两种。正常电弧由断路器正常关断等操作所引起；故障电弧由电线老化、接触不良等故障引起，又称拉弧。根据故障电弧产生的位置可分为串联故障电弧、并联故障电弧及接地故障电弧，如图 6-1 所示。

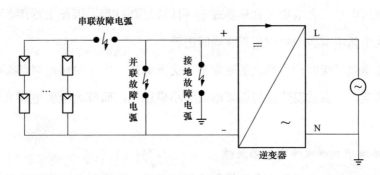

图 6-1　串联、并联、接地故障电弧

串联故障电弧是由于导线发生机械断裂、接头处松开或接触不好等原因产生，其故障电弧与负载是串联的。一般发生于快速接头之间、接线与接线盒之间，或是断裂的连接线。连续的故障电弧若不间断，则可能导致导线的绝缘保护层发生碳化分解，此情况有可能进一步演化成威胁性更甚的电弧并联型电弧故障或金属性接触短路。光伏发电系统有成千上万个接点，因此，串行故障电弧是引起火灾危险的主要潜在因素。

并联故障电弧是一种短路电弧故障，故障电弧往往是与负载并联的。通常是小动物咬破电线保护层，外力导致电线破损所引起。当电线失去了绝缘保护，同时正负两极的金属互相接触，即产生了故障电弧。尽管这类并行故障电弧不如串行故障电弧频繁出现，但其更具危险性，因为故障产生的火花易点燃周围的可燃物，极可能导致严重的火灾。

接地故障电弧指的是发生在地线和相线、接地的金属导体或设备壳体间的短路性电弧故障，由于光伏电池板到汇流箱或者逆变器之间有很长的输电线缆，部分与地面或者其他电子元器件接地外壳接触的输电线如果发生绝缘层破损，里面的导体就与大地相接形成接地的回路，此时就容易出现接地型故障电弧。接地电弧同样出现在两个极性相反的导体之间，故可以视之为一种特殊的并联故障电弧。

6.1.2　光伏直流电弧特征

1. 直流故障电弧的一般特性

直流故障电弧作为故障电弧的一种，首先具有电弧的一般特性。

（1）直流故障电弧的产生具有一定随机性，其发生的位置和时间很难预测。

（2）直流故障电弧是一种高温、发光的自持放电现象，具有电流密度高、伴有高频噪声、电磁辐射的特点。

（3）电弧放电是综合电物理和热物理于一体的复杂过程，因此很难用数学表达式进行描述，因为电弧中有多个物理过程在同时进行。

（4）直流电弧燃烧时产生的热量通常多于交流电弧，研究发现电弧的温度主要受到电弧电流的影响，电弧散发热量与电弧电流大小成正比，而较大电弧电压有助于电弧燃烧的稳定性。

2. 光伏系统中直流故障电弧的特性

光伏系统直流侧的电源是由太阳能电池板提供的。和一般具有恒压源特性的供电系统不同，光伏电池输出特性在一定范围可以看作是恒流源并且其运行还受到环境因素的影响，所以光伏系统中直流故障电弧所特有的一些性质如下。

（1）光伏系统大多是由很多光伏电池串、并联组合而来的，其输出电压高，为电弧的产生提供更强的初始电场，发生故障电弧的概率更大。

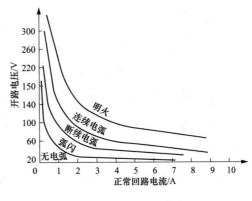

图 6-2　电弧特性曲线

（2）由于光伏电池伏安特性的特殊性使得故障电弧发生后，电弧持续燃烧的时间更长，产生的能量更大温度更高。由图 6-2 所示，电弧强度随电压、电流、间距增大而增大，稳定性随间距增大而降低。

（3）由于光伏电池的恒流源特性和光伏系统中最大功率跟踪器的影响，在直流故障电弧发生后不像普通直流系统电弧电流呈现下降的趋势，而是保持不变或者随着电源输出特性的工作点和温度、光照变化。

（4）光伏系统中发生的直流故障电弧引起的噪声频带比普通的直流电弧更宽。

（5）光伏系统安装于户外，运行环境复杂恶劣，其直流电弧故障的产生受到多种环境因素的影响，使故障电弧波形更加复杂，因此需要对不同故障电弧特性分类研究，很难用一种手段进行统一检测。

6.1.3　直流电弧检测技术

采集和分析直流电弧在电压、电流及其产生的光辐射、声波、电磁信号方面的特征，能够用于诊断并确定其故障位置。不少国内外研究人员已在光伏发电系统、直流微电网、航空飞机等系统中，对直流电弧的故障检测与精确定位技术进行了广泛的研究。直流电弧的检测和定位方法可以分为基于辐射特性的检测方法、基于时频特性的检测方法、基于人工智能的检测方法等。

1. 基于辐射特性的检测方法

国内外的专家对直流电弧产生过程中的光、热及电磁辐射现象进行了研究，并据此提出了基于辐射特性的故障电弧检测方法。事实上，以单一检测参量作特征量可靠性较差，利用多种参量的综合信息对电弧故障进行检测能够提高可靠性。因而，国外研究人员开展了多种参量综合检测的研究，将弧声、红外和电磁辐射信号作为特征参量，利用声学传感器、红外接收器和铜线绕制的圆筒天线，同时检测电弧的噪声、热量和电磁辐射信号，采用神经网络算法实现电弧故障检测。但该研究报告中仅提出了多参量检测系统架构，没有详细阐述具体的检测参量特征和分析方法。

目前，基于辐射特性的电弧故障检测方法主要集中于分析电弧的电磁辐射特性。研究表明，在不同的频段中，电弧具有不同的频率特征。通过分析这些电磁辐射的频谱特征，能够检测故障电弧。然而，该技术尚未能有效区分是串联故障电弧还是并联故障电弧。此外，基于辐射特性的检测方法存在易受周围环境干扰、定位范围有限的问题。

2. 基于时频特性的检测方法

当发生电弧故障时，电路中的电压和电流会发生比较明显的变化，所以，通过分析故障发生时的电信号在时域和频域的特征，可以进行故障检测。目前，基于时频特性的故障电弧检测技术已经成为电弧故障检测的研究重点，并且许多利用故障电弧时域、频域和时频域特点而研制的产品取得了不错的效果。

（1）时域分析检测。时域分析主要集中于时间序列的特征研究，通过将时域被测参量与阈值比较，判断直流电弧故障是否发生。例如，比较故障前后基于时间维度的电压和电流的变化速率、电流的平均值。国内学者对直流电弧电流波形在一定时间窗内的变化率进行了研究，提出了基于一定时间尺度内电流变化率检测直流电弧故障的方法。利用电流变化率进行电弧故障检测的方法虽然操作简单，但易受到干扰。国外专家提出了在光伏发电系统中每个光伏组件两端并联电弧故障检测装置，将组件电压进行 FIR 滤波处理后与阈值比较，判断电弧故障发生。该方法虽然缩小了故障定位的范围，但投入成本较高。

基于时域的电压、电流波形检测方法对电弧故障检测有一定的局限性，并且难以消除外部干扰所带来的不良效果。

（2）频域分析检测。当直流电弧形成后，其电压和电流中产生高频分量，直流电弧所在支路电压和电流同样能够检测到高频成分。因此，直流电弧产生的高频电压和电流通常用于检测电弧故障。目前很多学者提出的直流电弧检测算法都是基于频域分析而进行的。

频域分析主要通过时间序列对频率特性的分析。电弧燃烧过程较为复杂，主要特征表现在频率不定的电压和电流，混乱的电弧会给电压和电流带来新的高频增量，因此发现稳定的电压或电流出现高频分量时，就可以初步判断电弧故障的发生。

快速傅里叶变换（Fast Fourier Transform，FFT）广泛用于频谱分析，进行 FFT 分析时，选择合理的时间窗长度至关重要，时间窗过长会导致错过电弧初期的信号特征；时间窗过短则可难以提取充分有效的信息。针对该问题，国内学者提出采用循环采集累加法进行电弧故障检测。该方法是通过汇流箱内自制电弧故障检测板，不停搜索多路电弧故障传感器采集到的波形频谱并进行高低频分段分析，经过 FFT 运算和频域滤波，提取采样信号的频率特征与无电弧故障系统的频率比较。若满足电弧故障特征，则累加特征寄存器，否则递减特征寄存器；若特征寄存器当前为 0，则切换到下一通道继续检测，循环此过程直至检测到电弧故障标志位存在。试验结果表明，故障电弧发生前后波形从频域上表现出了明显的区别，如图 6-3 所示。

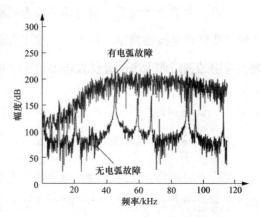

图 6-3　故障电弧发生前后频率波形对比

此外，国内学者提出了在低压直流系统中利用通过并联电容来检测直流电弧的方法，简化电路如图 6-4 所示。当低压直流系统中发生电弧故障时，支路并联电容电流产生高频脉冲，以电容电流在突变前后的频谱积分差值为检测直流电弧故障的判据。电弧故障时电容电流波形如图 6-5 所示。

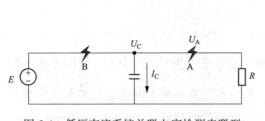

图 6-4　低压直流系统并联电容检测串联型
电弧故障的简化电路

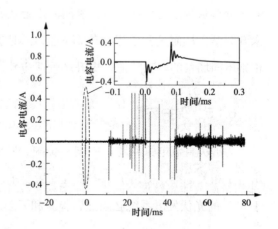

图 6-5　电弧故障时电容电流波形

通过采用频谱积分差值，在分析过程中有效消除了干扰信号对检测结果的影响。电弧产生时刻电容电流脉冲的极性能够反映故障的位置，当电弧故障发生于电容并联支路的后端时，如图 6-4 中故障点 A 所示，电容电流脉冲极性为正；电弧故障位于电容并联支路前端时（故障点 B），电容电流脉冲为负极性。相较于传统的利用支路电流高频信号检测直流电弧故障的方法相比，电容电流能够灵敏地反映支路的高频信号，不受直流分量的影响。

目前，大部分情况下，对直流串联电弧故障的检测主要依靠电流或电压信号的时域或频域特征建立检测判据。然而，系统正常运行中开关动作或者负载突变都可能引起误判。特别是在组件众多的光伏发电系统中，准确地定位电弧故障仍然是一个极具挑战的工作。

6.1.4　基于人工智能的检测方法

在传统的时频分析过程中，通常需要设定阈值来判断是否发生电弧故障，当计算结果超出阈值即判定为电弧故障。然而，阈值的大小很难确定，且针对不同的现场环境，往往需要设定不同的阈值。基于以上问题，相关学者开展响应研究，利用人工智能的检测算法来解决以上问题，诸如 BP 神经网络和支持向量机等机器学习算法。

国内一家光伏逆变器公司，依托其自有技术优势及其他领域积累的经验，引入了信息通信和人工智能领域的先进经验，推出智能电弧检测方案。该方案融合了具有检测和开断电弧故障的断路器与深度学习技术相结合。区别于人工算法的逻辑设定，人工智能基于高度非线性模型，可同时对海量数据进行计算、迭代，寻找高维空间特征规律，有效区分形状接近的特征信号。利用人工智能和深度学习技术，检测模型能够自我学习使未知频谱，从而显著提升噪声适应性；同时通过提升模型泛化能力，使得模型能够有效识别不同场景的电弧特征，提升场景适应性。

6.1.5　保护装置

为解决直流电弧问题，中国、美国、欧洲、国际电工委员会（IEC）等国家和组织出台了相关标准，提出了保护装置配置要求。按照美国电气安全标准，凡是系统电超过于 80V 的光伏发电系统必须配置检测和开断电弧故障的断路器（Arc-Fault Circuit Interrupter，AFCI）；我国标准《光伏发电系统直流电弧保护技术要求》（GB/T 39750—2021）规定，与建筑相结合的光伏发电系统当直流侧最大系统电压大于或等于 80V 时，宜设置直流电弧保护。光伏发电系统直流电弧保护装置应具有动作信号功能，动作信号可由控制器或逆变器持续发出。

隔离方式适用于串联电弧保护，可通过隔离组串或隔离光伏发电系统的方式实现。隔离装置安装于光伏组串输出端或逆变器输入侧，隔离装置结构如图 6-6 所示。

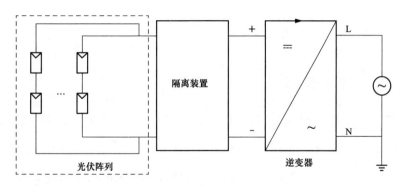

图 6-6 隔离装置安装位置

短路方式适用于并联电弧保护，可通过短路组串或短路光伏发电系统的方式实现。短路装置宜安装于组串输出端或逆变器输入侧，短路装置结构如图 6-7 所示。短路装置短路持续时间不应大于 15s。

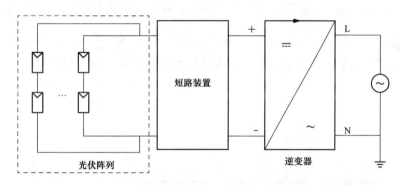

图 6-7 短路装置安装位置

开关方式适用于串联电弧或并联电弧，开关装置宜安装于光伏组件或接线盒的输出端，开关装置结构如图 6-8 所示。

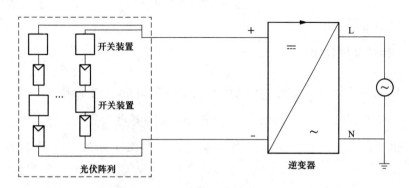

图 6-8 开关装置安装位置

6.2 光伏系统快速关断技术

6.2.1 快速关断概念与要求

光伏系统的快速关断（Rapid Shut Down，RSD），正如其名，就是快速断开每一块光伏组件之间的连接。这一概念起源于美国国家电工规范（National Electrical Code，NEC）。2014 年，NEC2014 690.12 发布的《组件级自我关断解决方案》标准中对光伏系统的快速关断作出要求。2017 年修订的 NEC690.12 中，对此快速关断的要求更为严格——以距离到光伏矩阵 305mm 为界限，在快速关断装置启动后 30s 内，界限范围外电压降低到 30V 以下，界线范围内电压降低到 80V 以下，要求实现"组件级关断"。在最新 2020 版的标准中，将"快速关断"进一步拓展，提出了"光伏危险控制系统"（PV hazard control systems）。新标准要求光伏系统中具有"光伏危险控制系统"，使光伏系统在危急情况时是一个可控制的状态，也就是说可以利用"光伏危险控制系统"，实现组件级别的关断，在快速关断启动后 10s 内，界线范围内电压降低到 80V 以下，如图 6-9所示。

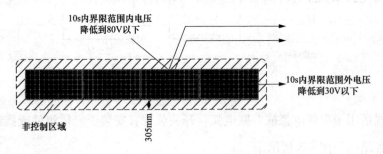

图 6-9 组件快速关断要求

6.2.2 快速关断技术

快速关断的核心原理是避免组件和组件直接串联，将每个组件接入一个可实时监控的装置中，再进行串联后接入逆变器，通过控制与查看这些装置的工作状态来切断串联高电压。关断功能的实现，分为在逆变器端实现组件级关断和在组件端实现组件级关断。

1. 在逆变器端实现组件级关断

逆变器主要分为集中式逆变器、组串式逆变器以及微型逆变器。其中，只有微型逆变器具备组件级快速关断功能，而集中式逆变器、组串式逆变器不具备组件级快速关断功能。

在逆变器层级实现关断时，对于微型逆变器，由于每个逆变器都只连接控制 1-2 块组件，因此只需要在逆变器端断开与组件的连接。此外微型逆变器系统采用全并联电路设计，如图 6-10 所示，组件之间不再有电压叠加，直流电压小于 60V（不高于组件最高输出直流电压），具有天然无直流高压的优势，有效地消除了高压直流导致的电弧点火所引起火灾的可能，并在建筑发生火情时，消除了光伏装置成为施救阻碍的状况。

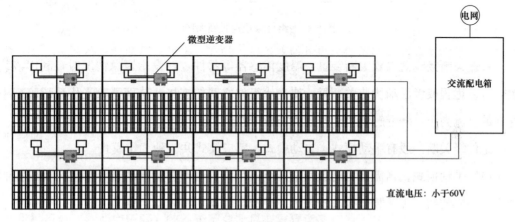

图 6-10　微型逆变器系统

尽管如此，微型逆变器在光伏逆变器行业中仅占较低的市场份额，大多数的系统仍使用的是常规的集中式或组串式逆变器，这些逆变器需要加装特定装置才能实现组件级快速关断功能。

2. 在组件端实现组件级关断

传统光伏发电采用多块光伏组件串联形成组串，然后接入逆变器将直流电转换为交流电后并网。当光伏系统发生火灾时，高达上千伏的光伏直流电对消防设施造成困难，组件级快速关断功能可以快速将系统直流电压降至安全电压范围，便于实施援救。在组件端实现组件级关断，一般采用快速关断接线盒和关断控制器（外置或内置在逆变器内）。对于集成关断功能的多接线盒智能组件，一般采用两种关断方法切断光伏组件的输出，一种是每块光伏发电单元均设置一个开关盒（接线盒中设置有关断器定义为开关盒），并且在开关盒中设置有相应旁路二极管进行连接和保护，同时每个开关盒中都需要一块控制板进行控制，制造成本过高；另一种是其中一个光伏单元设置一个开关盒，其余光伏单元设置接线盒，除了在对应开关盒、接线盒中设置各自光伏单元的旁路二极管，开关盒中还要设置总旁路二极管实现组件级旁路，总旁路二极管要接在总正极输出与总负极输出之间。组件级快速关断系统如图 6-11 所示。

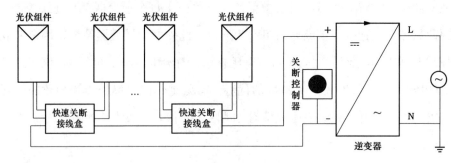

图 6-11　组件级快速关断系统

快速关断接线盒内置关断装置、温度传感器等部件，在发生紧急情况时，利用该装置，可以远程或者手动快速关断每一块光伏组件之间的连接，从而消除光伏系统阵列中存在的直流高压，降低触电风险、减少施救风险。

组件级关断一般有手动模式、自动模式、感应模式共 3 种工作模式。

（1）手动模式。当需要对光伏发电系统进行维护检修时，操作者手动按压关断控制器上的关断按钮，关断装置接收指令后，在指定时间内将光伏组件阵列电压降低到标准限制的电压以下，从而实现快速关断。

（2）自动模式。关断装置采用心跳模式工作，持续接收到通信信号时，相当于接收到开通信号，会进入或维持自身处于开通状态，即相应的光伏组件可正常输出；当组件电压超出标准要求或是逆变器根据条件判断需要关断组件时，会停止心跳信号输出，关断装置未接收到通信信号时，会控制自身进入或维持关断状态，即断开相应的光伏组串（或只提供 1V 以下的直流电压），心跳恢复后可恢复组件正常输出。

（3）感应模式。快速关断接线盒中的温度传感器感应到工作温度超出阈值时，自动关断组件输出，从而避免火灾等情况发生。

在实际运行中，鉴于现场运行工况复杂，存在通信信号衰减或被干扰等问题，会导致关断装置误判，即错误控制自身处于关断状态，从而对系统的发电效率造成影响。为解决此类问题，一般通过在直流总线上连续施加扰动信号作为关断装置的心跳信号，以实现对关断装置的控制。但是连续施加扰动信号，势必使得快速关断的控制复杂程度增加，同时对 MPPT 的跟踪产生影响。

附录 A　国际分布式光伏相关标准

［1］ IEC 61724-1. Photovoltaic system performance-Part 1：Monitoring

［2］ IEC/TS 62786 Ed. 1：Distributed Energy Resources Connection with the Grid

［3］ SJ/T 11722-2018 Bacjsgeet used for photovoltaic（PV）modules

［4］ JG/T 490-2016 General specification of bracket for solar photovoltaic system

［5］ IEC 60904-SER Ed. 1. 0 b：2020 Photovoltaic devices-ALL PARTS

［6］ IEC 60904-1 Photovoltaic devices Part 1：Measurement of photovoltaic current-voltage characteristics

［7］ IEC 60904-1 Ed. 3. 0 b：2020 Photovoltaic devices-Part 1：Measurement of photovoltaic current-voltage characteristics

［8］ IEC 61724-1 Ed. 2. 0 b：2021 Photovoltaic system performance-Part 1：Monitoring

［9］ IEC 62790 Ed. 2. 0 b：2020 Junction boxes for photovoltaic modules-Safety requirements and tests

［10］ IEC TR 63292 Photovoltaic power systems（PVPSs）-Roadmap for robust reliability

［11］ IEC 62109-3 Safety of power converters for use in photovoltaic power systems-Part 3：Particular requirements for electronic devices in combination with photovoltaic elements

［12］ IEC/TS 63019 Photovoltaic power systems（PVPS）-Information model for availability

附录 B　国内分布式光伏相关标准

[1] GB/T 33342—2016 户用分布式光伏发电并网接口技术规范

[2] GB/T 33592—2017 分布式电源并网运行控制规范

[3] GB/T 34932—2017 分布式光伏发电系统远程监控技术规范

[4] NB/T 10204—2019 分布式光伏发电低压并网接口装置技术要求

[5] GB/T 33342—2016 户用分布式光伏发电并网接口技术规范

[6] GB/T 30427—2013 并网光伏发电专用逆变器技术要求和试验方法

[7] Q/GDW 677—2011 分布式电源接入配电网监控系统功能规范

[8] NB/T 33012—2014 分布式电源接入电网监控系统功能规范

[9] GB/T 36116—2018 村镇光伏发电站集群控制系统功能要求

[10] NB/T 33010—2014 分布式电源接入电网运行控制规范

[11] Q/GDW 667—2011 分布式电源接入配电网运行控制规范

[12] NB/T 32016—2013 并网光伏发电监控系统技术规范

[13] GB/T 20513—2006 光伏系统性能监测测量、数据交换和分析导则

[14] GB/T 20046—2006 光伏（PV）系统电网接口特性

[15] GB/T 29319—2024 光伏发电系统接入配电网技术规定

[16] GB/T 30152—2013 光伏发电系统接入配电网检测规程

[17] GB/T 31999—2015 光伏发电系统并网特性评价技术规范

[18] GB/T 38946—2020 分布式光伏发电系统集中运维技术规范

[19] GB/T 50795—2012 光伏发电工程施工组织设计规范

[20] GB/T 50796—2012 光伏发电工程验收规范

[21] GB/T 50865—2013 光伏发电接入配电网设计规范

[22] GB/T 33593—2017 分布式电源并网技术要求

[23] GB/T 33982—2017 分布式电源并网继电保护技术规范

[24] Q/GDW 617—2011 光伏电站接入电网技术规定

[25] NB/T 32004—2018 光伏并网逆变器技术规范

[26] NB/T 32016—2013 并网光伏发电监控系统技术规范

参 考 文 献

[1] 整县屋顶分布式光伏开发建设相关问题研究报告 [J]. 农电管理, 2021 (10): 22-26.

[2] 何孝定. 探讨光伏电站的工程建设项目管理策略应用 [J]. 大众标准化, 2022 (14): 66-68.

[3] 仇实. 新能源光伏发电站项目建设管理探究 [J]. 科技创新与应用, 2022, 12 (21): 193-196.

[4] 杨洪雷. 分布式光伏工程建设管理浅析 [J]. 上海节能, 2022 (06): 756-758.

[5] 刘磊. 新能源光伏发电站项目建设管理研究 [J]. 企业科技与发展, 2022 (03): 191-193.

[6] 冯丽芳, 王献亭. 光伏项目建设质量提升策略研究 [J]. 光源与照明, 2022 (02): 141-143.

[7] 竺科英, 张伦宁, 尹耀文, 等. 双碳背景下农村光伏建设项目研究——以湖北 M 市光伏项目为例 [J]. 农家参谋, 2021 (24): 195-196.

[8] 王光辉, 唐新明, 张涛, 等. 全国建筑物遥感监测与分布式光伏建设潜力分析 [J]. 中国工程科学, 2021, 23 (06): 92-100.

[9] 郭家庆. 光伏电站工程建设的项目管理分析 [J]. 集成电路应用, 2021, 38 (12): 160-161.

[10] 程强. 关于光伏电站建设项目成本管理的相关探讨 [J]. 电力设备管理, 2021 (09): 128-129, 137.

[11] 2021 年上半年光伏发电建设和运行情况 [J]. 电力科技与环保, 2021, 37 (04): 46.

[12] 李永鑫, 苑海涛. 双玻双面光伏组件在降雪天气时的运行情况分析 [J]. 太阳能, 2020 (10): 63-67.

[13] 李永鑫, 苑海涛. 双玻双面组件与传统光伏组件的运行情况比较分析 [J]. 农村电气化, 2020 (04): 68-69.

[14] 2019 年一季度我国光伏发电建设运行情况 [J]. 太阳能, 2019 (06): 79.

[15] 舟丹. 我国风电、光伏发电建设和运行情况 [J]. 中外能源, 2019, 24 (05): 14.

[16] 马丽, 路竹青. 分布式光伏发电对配电网运行管理的影响 [J]. 农村电工, 2018, 26 (12): 33-34.

[17] 2018 年上半年光伏建设运行情况 [J]. 中国能源, 2018, 40 (08): 4.

[18] 肖仁周. 分布式光伏电站建设成本及收益分析 [J]. 科技创新与应用, 2020 (30): 64-65.

[19] 国家能源局: 发布 2020 年度风电、光伏发电项目建设工作有关要求 [J]. 节能与环保, 2020 (03): 6.

[20] 陈志娟. 光伏电站的建设、运维成本分析研究 [J]. 科技风, 2020 (07): 181.

[21] 李刚, 袁强, 吴穷, 等. 四川高海拔山地光伏电站建设总结 [J]. 科技资讯, 2019, 17 (32): 30-32.

[22] 马洪敬, 魏琛. 分布式光伏并网对电能质量的影响分析 [J]. 能源与节能, 2022 (07): 62-64.

[23] 吴芳柱，陆柳敏. 低压分布式光伏接入对台区电能质量影响分析 [J]. 电工电气，2022（07）：22-27.

[24] 丁晓勇，肖斌，朱文逸，等. 太阳能光伏跟踪系统中驱动方式对结构的影响分析 [J]. 西北水电，2022（03）：129-134.

[25] 荆峰，张利，杜磊，等. 光伏接入对胜利油田电网运行安全稳定性影响的研究 [J]. 电气技术与经济，2022（03）：1-4.

[26] 满忠诚，程青青，王磊，等. 分布式光伏接入对地市配电网调控运行的影响研究 [J]. 安徽电气工程职业技术学院学报，2022，27（02）：84-89.

[27] 雷国平，严嫦，代妮娜，等. 光伏发电接入主动配电网产生影响的研究进展 [J]. 新能源科技，2022（05）：24-27.

[28] 黄立飞，王喜梅，薛原. 整县屋顶分布式光伏接入影响分析 [J]. 农村电气化，2022（05）：72-74.

[29] 宋建平，王颖，许寅. 光伏接入配电网的优化策略研究及影响分析 [J]. 供用电，2022，39（05）：25-32.

[30] 张昕，魏立明. 光伏电源接入对配电网电压的影响研究 [J]. 河北电力技术，2022，41（02）：33-36.

[31] 高翔. 光伏电站容配比及提高容配比对光伏电站的影响 [J]. 河北能源职业技术学院学报，2022，22（01）：61-64.

[32] 李家鹏. 分布式光伏发电系统对配电网电压的影响分析 [J]. 电子技术，2022，51（03）：294-296.

[33] 黄瑶玲，杨楠，刘浔，等. 分布式光伏电源接入对配电网影响 [J]. 电工材料，2022（01）：78-80.

[34] 刘燕华，张楠，赵冬梅. 国内外光伏并网标准中电能质量相关规范对比与分析 [J]. 现代电力，2011，28（06）：77-81.

[35] 鲍薇，胡学浩，何国庆，等. 分布式电源并网标准研究 [J]. 电网技术，2012，36（11）：46-52.

[36] 鲍安平，侯倩，钟名湖. 中德光伏发电接入低压电网技术标准比较 [J]. 信息化研究，2016，42（05）：1-5.

[37] 张仲文. 分布式光伏监控系统关键技术研究及标准应用 [J]. 自动化应用，2018，（04）：103-104.

[38] 何国庆，王伟胜，刘纯，等. 分布式电源并网技术标准研究 [J]. 中国电力，2020，53（04）：1-12.

[39] 栗峰，丁杰，周才期，等. 新型电力系统下分布式光伏规模化并网运行关键技术探讨 [D]. 电网技术.

[40] 李有荣，潘嘉琪，夏志乐，等. 分布光伏并网在配网继电保护中的影响作用分析 [J]. 自动化技术与应用.

[41] 杨光. 分布式光伏并网对电网运行的影响分析 [J]. 现代工业经济和信息化.

［42］高维来. 分布式光伏并网发电系统的应用分析［J］. 现代工业经济和信息化.

［43］王以勒. 分布式光伏并网探索与实践［J］. 中国设备工程.

［44］李艳魁. 光伏并网逆变器在光伏电站中的应用及维护［J］. 光源与照明.

［45］孙安，陈阳. 基于灰色预测的自动化太阳能光伏并网发电系统设计［J］. 流体测量与控制.

［46］赵东昊. 分布式光伏并网对配电网的影响分析［J］. 集成电路应用.

［47］吴文晴. 分布式光伏并网对配电网网损影响研究［D］. 河北科技大学.

［48］尤华建. 大规模分布式光伏并网后的运行维护技术［J］. 现代工业经济和信息化.

［49］冯军，李登雕，朱旭铭，等. 分布式光伏并网对配电网电能质量的影响研究［J］. 中国高新科技.

［50］郭磊，李辉. 单相光伏并网逆变器设计［J］. 电工技术.

［51］黄翔，刘子华，陈李丰，等. 配电网光伏并网存储容量有序配置方法［J］. 制造业自动化.

［52］王海刚. 光伏并网下电能质量自适应控制方法［J］. 自动化应用.

［53］高鑫. 光伏并网发电系统的谐波检测与抑制研究［D］. 宁夏大学.

［54］武林. 基于 MPPT 的光伏并网逆变器的设计［D］. 西安电子科技大学.

［55］武奥. 分布式光伏并网对县级配电网电能质量的影响研究［D］. 山东大学.

［56］庄静茹. 分布式光伏并网的电能质量分析与评估［D］. 山东大学.

［57］蒋湘涛，贺建飚，李楠. 电力信息采集的通用型通信规约解析系统研究与设计［J］. 电力系统保护与控制，2012，40（9）：118-122.

［58］王继业，沈亮，王林信，等.《基于北斗的同期线损用电信息采集系统设计与实现》［J］. 电信科学，2019，35（3）：107-115.

［59］蔡冬阳. 低压分布式光伏监测指标体系研究与设计［J］. 电子技术与软件工程，2020（17）：4.

［60］宁光涛，谢海鹏，别朝红，等. 海南电网分布式光伏消纳能力评估［J］. 南方电网技术，2015，9（5）：7.

［61］李丽平，潘肖龙，杨世旺，等. 分布式光伏防窃电技术分析［J］. 数字化用户，2017，23（052）：134-136，138.

［62］梁志峰，夏俊荣，孙檬檬，等. 数据驱动的配电网分布式光伏承载力评估技术研究［J］. 电网技术，2020，44（07）：2430-2439.

［63］马浩，王立斌，武超飞，等. 存在反向有功电量低压用户的研判方法研究［J］. 电力大数据，2020，23（04）：86-92.

［64］程启明，王映斐，程尹曼，等. 分布式发电并网系统中孤岛检测方法的综述研究［J］. 电力系统保护与控制，2011，39（6）：8.

［65］赵宇，董莉丽. 基于运监大数据挖掘的公变台区重过载监测分析［J］. 企业管理，2016（S2）：2.

［66］刘璇，熊兰，王韵，等. 光伏电站串联型直流电弧的检测算法与保护实验研究［J］. 太阳能学

报，2022，43（1）：348-355.

[67] 朱立春，张跃火，张显立. 基于光伏直流电弧故障的研究与保护技术 [J]. 电器与能效管理技术，2018，（10）：35-39.

[68] 杨吉洲，黄世清，李新军. 屋顶光伏电站防拉弧改造技术研究与应用 [J]. 电气工程与自动化，2021，（29）：10-15.

[69] 张喜军，朱凌，张计英，等. 光伏防雷汇流箱增设防反二极管必要性探讨 [J]. 低压电器，2013（8）：3.

[70] 李土钦. 光伏发电系统故障实例分析及应对措施 [J]. 电力系统装备，2020（15）：107-108.

[71] 杜明星，魏克新. IGBT 模块故障机理及其预报方法综述 [J]. 世界科技研究与发展，2010（6）：741-745.

[72] 熊庆，陈维江，汲胜昌，等. 低压直流系统故障电弧特性、检测和定位方法研究进展综述 [J]. 中国电机工程学报，2020，20（18）：6015-6026.

[73] 高少彬，竺红卫. 直流故障电弧检测技术综述 [J]. 电器与能效管理技术，2018，（10）：20-24.

[74] 孙铭徽. 光伏电站孤岛检测技术研究 [D]. 浙江大学，2021.

后　记

随着国家构建新型电力系统和"双碳"战略目标的提出，分布式能源发展将迎来新的机遇，大力发展分布式光伏发电，是落实"双碳"战略目标的具体实践，是支撑建设新型电力系统的行动先导。从保障人民供电质量来看，掌握低压分布式光伏运行与消纳规律，才能在为低压光伏用户提供无歧视、无障碍上网服务的同时，保障周边用户平等、优质用电权利，提高群众的获得感和满意度，强化国家电网公司内部光伏供电服务管理、提升规范化水平，更好服务人民美好生活新需要。从保障电网安全稳定来看，"双碳"战略目标的实施，必将伴随着强随机性、波动性的低压分布式光伏大规模并网，配电网主体将更加复杂多元，能源流向更加多样，低压台区配电网在供需平衡、系统调节、稳定特性、最优运行、建设成本等方面都将发生显著变化。为应对新形势下分布式光伏系统并网的挑战，还需考虑以下几个方面。

（1）完善户用光伏项目建设管理规范，进一步细化业务执行范畴。明晰户用光伏项目定义，规范户用光伏建设条件，明确企业租赁他人屋顶的光伏项目一律按照非自然人受理。对于不动产产权发生变更的分布式光伏项目，需要政策主管部门进一步明确业务变更规范化文件。因拆迁、客户因素长期无法并网或并网后长期不发电的光伏项目，供电企业无权销户情况，建议政府出台相关政策明确处置方式。

（2）提高运行监管力度，切实维护电网运行安全。推动政府出台光伏运行监管方面的政策、指导意见。建设光伏运行监管平台，常态化开展电能质量、并网点电压电流异常等监测，切实维护电网运行安全和客户安全稳定用电。加强低压分布式电能质量监测、治理设备配置管理，便于公司督促用户开展光伏设备侧异常和安全隐患整改。

（3）出台分布式光伏项目监管方面法律法规，推动国家发展改革委出台光伏运行监管相关政策与指导意见，明确发电质量不达标的违规责任、整改时限与监管部门，允许电网公司在光伏威胁电网运行安全条件下采取必要措施解除风险，保障电网运行安全与周边用户优质用电权利。

（4）提升光伏用户可测可控能力。面向光伏用户优先推广应用双模、HPLC 技术与智能物联电能表等技术，实现电能量与负荷数据的分钟级采集、电能质量实时监测。加快分布式光伏运行控制装置研发，实现分布式光伏出力功率的动态调节与离网控制，及时杜绝不满足发电电能质量要求的分布式用户并网。

（5）提升光伏接入点谐波监测能力和分布式光伏台区光伏消纳能力。应用智能物联电能表，实现电能质量的实时监测，谐波含有量、畸变率超限预警，正反向基波及谐波电能量的计量，实现低压分布式光伏电能质量超限预警、统计分析及考核评价；建立光伏台区用能优化技术手段，挖掘、聚合可调可控潜力用户资源，建立用能优化策略库，实现光伏资源与负荷资源的高效匹配和就地消纳。

（6）提升低压配电网监测能力。基于用电信息采集系统平台，建立低压分布式光伏运行全景式监测预警策略，开展光伏用户电压越限、三相不平衡、谐波过限、逆变器过电压上网的运行安全实时告警。建立低压分布式合规上网监控模型，统筹考虑气象条件、同地区光伏出力情况、历史发电曲线等数据，分析对比光伏用户实际上网电量与理论出力情况，及时发现光伏超容上网、市电反送等行为。探索低压分布式光伏客户侧安全感知研究，基于低压分布式光伏用户的典型用电安全特征，建立低压客户用电安全隐患预警模型，支撑开展低压分布式光伏状态检查和用电安全预警。

（7）加强台区负荷与光伏协同优化。针对目前商业楼宇用能设备只监不控、光伏系统与用能系统间缺乏协同、用能信息无法与电网互动等问题，亟须建设商业楼宇分布式光伏协同优化系统，利用传感器实时感知光伏、空调等设备状态，基于能源控制器、智能电能表等智能装置实施用能优化协同控制策略，实现对光伏、供冷、供热、其他末端用能设备低功耗、低延时的就地实时控制。同时，将筛选的设备状态信息及数据上传至用采系统，形成光伏资源与负荷聚合资源的竞价平台，通过统筹大数据智能分析与就地调控策略，形成最佳耦合控制运行参数组合，确保各类电气设备协同优化运行，实现光伏发电本地消纳与各类负荷绿色用能的目标。